Tableau 数据可视化基础案例教程

主　编　潘　凌
副主编　刘仰光　熊松泉

电子工业出版社
Publishing House of Electronics Industry
北京·BEIJING

内 容 简 介

本书介绍了数据可视化软件 Tableau 的使用和具体图形的绘制，并根据图形中的数据分析所需要的结论。

本书每章都设置了对应的案例，以案例为导向讲解数据分析处理以及各种可视化图形的操作。本书既可作为高等院校数据分析和可视化相关课程的教材，也可以作为数据可视化培训教材，是一本适合数据分析、数据可视化设计等行业人员阅读与参考的读物。

未经许可，不得以任何方式复制或抄袭本书之部分或全部内容。

版权所有，侵权必究。

图书在版编目（CIP）数据

Tableau 数据可视化基础案例教程 / 潘凌主编.
北京：电子工业出版社，2025. 2. -- ISBN 978-7-121-49671-4
Ⅰ．TP31
中国国家版本馆 CIP 数据核字第 202579W3A5 号

责任编辑：贺志洪
印　　刷：北京雁林吉兆印刷有限公司
装　　订：北京雁林吉兆印刷有限公司
出版发行：电子工业出版社
　　　　　北京市海淀区万寿路 173 信箱　邮编　100036
开　　本：787×1 092　1/16　印张：8.75　字数：222.4 千字
版　　次：2025 年 2 月第 1 版
印　　次：2025 年 2 月第 1 次印刷
定　　价：39.00 元

凡所购买电子工业出版社图书有缺损问题，请向购买书店调换。若书店售缺，请与本社发行部联系，联系及邮购电话：(010) 88254888，88258888。
质量投诉请发邮件至 zlts@phei.com.cn，盗版侵权举报请发邮件至 dbqq@phei.com.cn。
本书咨询联系方式：(010) 88254609，hzh@phei.com.cn。

前　言

在当今数据驱动的时代，有效理解和处理数据成为至关重要的能力。二十大报告强调，必须坚持科技是第一生产力、人才是第一资源、创新是第一动力，深入实施科教兴国战略、人才强国战略、创新驱动发展战略，开辟发展新领域新赛道，不断塑造发展新动能新优势。本书聚焦于数据可视化软件 Tableau 的使用与具体图形绘制，正是顺应时代发展需求，为培养具备数据分析与可视化能力的专业人才贡献力量。

数据可视化不仅将数据转化为图形，而且通过图形中的数据展示，挖掘出有价值的结论，为后续理解和处理业务需求中的数据奠定坚实基础。无论是高等院校的学子，还是从事数据分析、数据可视化设计等行业的专业人士，都能从本书中获得宝贵的知识和技能。我们要以二十大精神为指引，积极探索创新教育教学方法和实践模式，为国家培养更多高素质的数据分析与可视化人才，为推动我国经济社会高质量发展提供有力的智力支持。

本书通过学习数据可视化软件 Tableau 的使用和具体图形的绘制。根据图形中的数据展示，来分析所需要的结论。为后续更好地去理解和处理业务需求中的数据起铺垫作用。

本书每章都设置了对应的知识案例和练习案例。以案例为导向讲解数据分析处理以及各种可视化图形的操作。

本书既可作为高等院校数据分析和可视化相关课程的教材，也可以作为数据可视化培训教材，是一本适合数据分析、数据可视化设计等行业人员阅读与参考的读物。

第 1 章主要介绍数据可视化的概念、目前常用的数据可视化工具以及 Tableau 的安装与使用。

第 2~4 章详细介绍了可视化基础图形的制作。比如条形图、直方图、饼图、折线图、散点图、树状图、气泡图和词云的绘制。在学习这些章节的时候，读者一定要结合具体的问题进行数据分析，理解各种图形的常用场合。

第 5 章详细介绍了 Tableau 中的高级操作，本章涉及到对数据的简单操作。包括表的计算、创建计算字段以及创建参数、如何利用聚合函数。

第 6 章详细介绍了可视化中高级图形的制作。包括标靶图、甘特图以及瀑布图的制作。

第 7 章主要介绍了在 Tableau 中如何进行数据的分层、数据分组以及创建数据集。读者在学习本章时，应做到完全理解分层、分组、数据集三个概念，并认真完成对应的案例。

第 8 章详细介绍了可视化中高级图形的制作。包括旋风图、漏斗图以及盒须图的制作。

第 9 章详细介绍了 Tableau 仪表板。包括仪表板的基本操作。读者要认真完成每个知识点的案例和后续的练习案例。

如果读者在动手练习的过程中遇到问题，建议多思考、厘清思路、认真分析问题发生的原因,并在问题解决后多总结。

  本书的编写和整理工作由潘凌完成,主要的参与人员有刘仰光、熊松泉等。全体人员在近一年的编写过程中付出了很多辛勤的汗水,在此一并表示衷心的感谢。

  尽管我们付出了最大的努力,但书中难免会有不妥之处,欢迎读者朋友们来信给予宝贵的意见,我们将不胜感激。

  读者来信请发送至电子邮箱:panling@nbufe.edu.cn。

目　　录

第 1 章　数据可视化概述 ·· 1
　1.1　大数据背景下的数据可视化 ··· 1
　1.2　数据可视化工具 ··· 2
　1.3　Tableau Desktop 初识 ·· 3
　　1.3.1　基本操作 ·· 3
　　1.3.2　文件类型 ·· 9
　　1.3.3　数据类型 ·· 9
第 2 章　条形图、直方图和数据导出 ·· 11
　2.1　条形图 ··· 11
　　2.1.1　利用给定的"客户评价"表进行统计分析 ····································· 11
　　2.1.2　利用"某超市销售数据"表，根据要求进行统计分析 ····················· 14
　2.2　直方图 ··· 15
　　2.2.1　直方图概述 ·· 15
　　2.2.2　利用给定的"客户评价"表创建各年龄段评价数量直方图 ················ 16
　　2.2.3　更改直方图 ·· 17
　2.3　数据导出 ·· 18
　练习案例 ·· 19
第 3 章　饼图、折线图和散点图 ·· 20
　3.1　数据处理 ·· 20
　3.2　饼图 ·· 23
　3.3　折线图 ··· 24
　3.4　散点图 ··· 30
　练习案例 ·· 31
第 4 章　树状图、气泡图和词云 ·· 32
　4.1　树状图 ··· 32
　4.2　气泡图 ··· 35
　4.3　词云 ·· 39
　练习案例 ·· 41
第 5 章　Tableau 高级操作 ·· 42
　5.1　表计算 ··· 42
　　5.1.1　计算类型 ·· 44
　　5.1.2　计算依据 ·· 45
　5.2　创建计算字段和参数 ·· 46

5.2.1　创建计算字段 46
　　　5.2.2　创建参数 48
　5.3　聚合函数 52
　练习案例 55

第6章　标靶图、甘特图和瀑布图 56
　6.1　标靶图 56
　6.2　甘特图 60
　6.3　瀑布图 62
　练习案例 66

第7章　分层结构、分组和集 67
　7.1　分层结构 67
　　　7.1.1　默认日期分层结构 67
　　　7.1.2　自定义分层结构 68
　7.2　分组 71
　　　7.2.1　创建组 72
　　　7.2.2　编辑组 74
　　　7.2.3　统计各班（组）人工服务接听量 75
　7.3　集 77
　练习案例 83

第8章　旋风图、漏斗图和盒须图 84
　8.1　旋风图 84
　8.2　漏斗图 92
　8.3　盒须图 105
　练习案例 108

第9章　仪表板 110
　9.1　仪表板基本操作 110
　　　9.1.1　"仪表板"选项卡 111
　　　9.1.2　"布局"选项卡 118
　9.2　仪表板实战——产品销售情况分析 119
　　　9.2.1　工作表的制作 120
　　　9.2.2　仪表板的制作 125
　练习案例 129

参考文献 133

第1章

数据可视化概述

本章知识点：
- ✓ 理解数据可视化相关概念
- ✓ 了解常用的数据可视化工具
- ✓ 掌握 Tableau Desktop 基本操作

1.1 大数据背景下的数据可视化

数据是一种数字化的信息承载形式。只有使用者通过工具处理数据，从中获取需要的信息，并且使用信息指导了现实的行动，才会让数据产生价值。大数据的出现正在引发全球范围内技术与商业的深刻变革。在技术领域，以往更多依靠模型的方法，现在可以借用规模庞大的数据，用基于统计的方法，使语音识别、机器翻译这些技术在大数据时代取得新进展。

大数据一般具有以下特征。

（1）数据体量大。大数据一般是指 TB 级别的数据集。在实际应用中，很多企业用户把多个数据集放在一起，这就可以形成了 PB 级的数据量。

（2）数据类型繁多。大数据按照数据的结构可以分为结构化数据、半结构化数据以及非结构数据。

结构化数据是指数据库中以表格、行和列的形式组织的数据；半结构化数据是指以 XML、JSON 和 HTML 文件的形式组织的数据；非结构数据是指图像、视频、音频等没有明确结构或组织的数据。

大数据按数据的呈现形式又可以分为时序数据、空间数据、文本数据、多媒体数据等。

（3）数据价值密度低。所谓数据价值密度低是指在海量的数据中重要的和有用的数据比例较低。特别是对于非结构化数据，含有大量无用的数据从而导致数据价值密度低。

不过在特定的应用领域和条件下，有些看似无用的数据也可能是至关重要的。

（4）高速性。大数据的高速性是指快速处理和管理数据的能力。在大数据时代，数据呈现出快速增长的特性，数据分析工具必须要具备实时性以便更好地跟踪客户行为、追踪流程问题等。

(5）真实性。大数据是从真实世界中收集而来的，并可针对现实中的情况被分析和应用。

综上所述，相较于传统的业务数据，大数据存在不规则和模糊不清的特性，导致很难甚至无法通过传统应用软件被分析。目前，企业面临的挑战是处理并从以各种形式呈现的复杂数据中挖掘价值。

数据可视化将抽象的、复杂的、不易理解的数据转化为人眼可识别的图形、图像、符号、颜色、纹理等。这些转化后的数据通常具备较高的识别效率，能够有效地传达出数据本身所包含的有用信息。

数据可视化极大降低了数据理解的复杂度，有效提升了信息认知的效率，从而有助于人们更快地分析和推理出有效信息。

1.2 数据可视化工具

随着云和大数据时代的来临，数据可视化工具必须能快速收集、筛选、分析、归纳、展现决策者所需要的信息，并根据新增数据进行实时更新。

Tableau、Microsoft、SAS、IBM 等 IT 厂商纷纷提供数据可视化工具。这些工具在降低数据分析门槛的同时，为分析结果提供更炫的展现效果。

在大数据时代，数据可视化工具必须具有以下 4 种新特性：实时性、操作简单、更丰富的展现、多种数据集成支持方式。

随着数据可视化行业受到越来越多人的关注，市面上也涌现出越来越多的可视化工具供我们选择，以下介绍的是常见的数据可视化工具。

1. Tableau

Tableau 是由斯坦福大学开发的局域突破性技术的软件应用程序，可以分析实际存在的所有结构化数据，可以在几分钟内生成美观的图表、坐标图、仪表板与报告。

Tableau 是一个专门用于数据可视化的工具，并因其操作简单的特性而知名。在连接好数据后，利用 Tableau 简便的拖放式功能，就可以自定义视图、布局、形状、颜色等，以帮助展现自己的数据视角。

2. Power BI

Power BI 是 Microsoft 提供的一种商业分析产品。它提供了一种快速、简便、强大的方式来分析和显示数据，且无须太多费用，也无须花费数小时来加速复杂的新分析工具。

3. DataV

DataV 是阿里云的数字孪生平台，可以使用可视化大屏的方式来分析并展示庞杂的数据。用户可以在 DataV 中新建并可视化分析 AnalyticDB for MySQL 数据源。

4. 腾讯 TCV

腾讯 TCV（Tencent Cloud Visualization，TCV）也叫腾讯云图，是腾讯云旗下的一站式数据可视化展示平台，采用拖放式自由布局，无须编码，并可实现全图形化编辑，快速可视化制作。腾讯 TCV 支持多种数据来源配置，支持数据实时同步更新。同时，腾讯 TCV 可基于 Web 页面渲染，灵活投屏多种屏幕终端。

5. QlikView

QlikView 是一款商业化的数据可视化工具，能够实现快速的数据可视化和深入的数据分析，支持自定义计算、动态联动和预测分析等功能。

6. Sugar BI

Sugar BI 是百度智能云推出的敏捷 BI 和数据可视化平台，可通过拖放图表组件快速搭建数据可视化页面。Sugar BI 组件丰富，开箱即用，无须 SQL 和任何编码。Sugar BI 凭借可视化图表及强大的交互分析能力，有效助力企业的业务决策。

1.3 Tableau Desktop 初识

Tableau 操作简单，方便初学者上手，并且具有快速响应的特点。它支持多种数据源及数据源连接查询，支持计算字段，支持数据钻取，具有丰富的图表可视化配置、地理信息数据及仪表板。

Tableau 有以下一系列产品。

1. Tableau Prep Builder

Tableau Prep Builder 借助现代化的数据准备方法，使用户可以更加轻松快捷地组合、调整和清理用于分析的数据。

2. Tableau Cloud

Tableau Cloud 是快速、灵活、易于使用的自助平台。Tableau Cloud 使数据的准备、制作、分析、协作、发布和共享都可以在云端完成。

3. Tableau Server

Tableau Server 让用户能够通过受管控、受信任的自助式大规模分析来自由探索数据。

4. Tableau Desktop

Tableau Desktop 是一个很好用的桌面软件。Tableau Desktop 提供了对用户的数据进行访问、可视化和分析所需的全部功能，并可在离线状态实现这些功能。同时，Tableau Desktop 可以在安全的自助环境中利用受信任和受管控的数据。

本书主要介绍通过对 Tableau Desktop 的操作进行 Tableau 数据可视化。

1.3.1 基本操作

Tableau Desktop 由 3 个主要界面构成。只要我们掌握了对这 3 个主要界面的相关操作就可以设计出一幅幅精美的可视化图形。

1. 开始界面

在打开 Tableau Desktop 后，首先呈现的就是开始界面。在该界面中，我们需要连接数据源，这也是作为数据分析和可视化图形制作的首要步骤。

在连接数据源中，有两种类型的数据可供选择，分别是本地数据和远程数据。如果需要连接本地数据则可以选择"到文件"选项，再选择对应的文件类型，如图 1.1 所示。如果需要远程数据，则可以选择"到服务器"选项，再选择对应的文件类型，如图 1.2 所示。

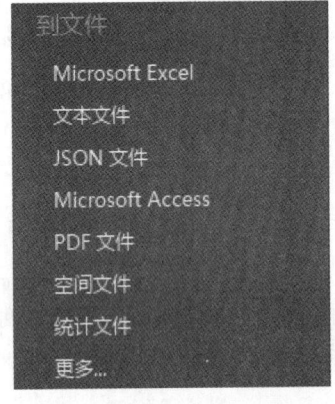

图 1.1　选择"到文件"选项

图 1.2　选择"到服务器"选项

2. 数据源界面

在开始界面中，选择任何一种类型的数据后，Tableau Desktop 会自动跳转到数据源界面。

数据源界面通常由 3 个主要区域组成：数据窗格、数据画布和数据列表区，如图 1.3 所示。

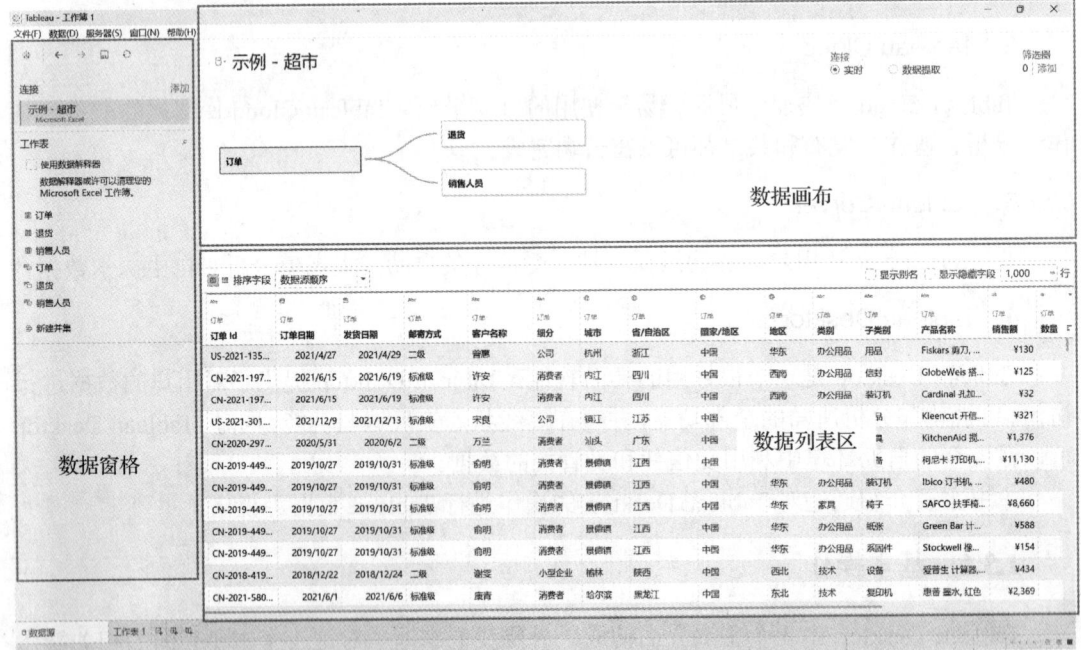

图 1.3　数据源界面

数据窗格主要用来显示数据的名称和类型。在图 1.3 中，显示了 Tableau Desktop 自带的"示例-超市"数据，并显示出该数据中所包含的工作表。

数据画布用来处理工作表和工作表之间的关系。在做数据分析和可视化时，可能需要用到一张工作表或多张工作表。此时，就可以通过数据画布建立工作表和工作表之间的联系。工作表和工作表之间的联系可以是一对一的关系或一对多的关系。

数据列表区则根据选择的表，显示了所有的详细数据。在数据列表区，可以很方便地查看数据字段名及数据值，也可以对数据做一些简单的处理，比如数据字段重命名、数据字段拆分、数据类型更改等。这些内容将在后续章节中进行详细介绍。

3．工作表界面

Tableau 工作表与 Excel 工作簿十分类似。一个 Tableau 文件可以包含一个或多个工作表。

在数据源界面左下角的任务栏中，有一个被自动创建的空白工作表——工作表 1。单击"工作表 1"选项卡就可以进入工作表界面，如图 1.4 所示。

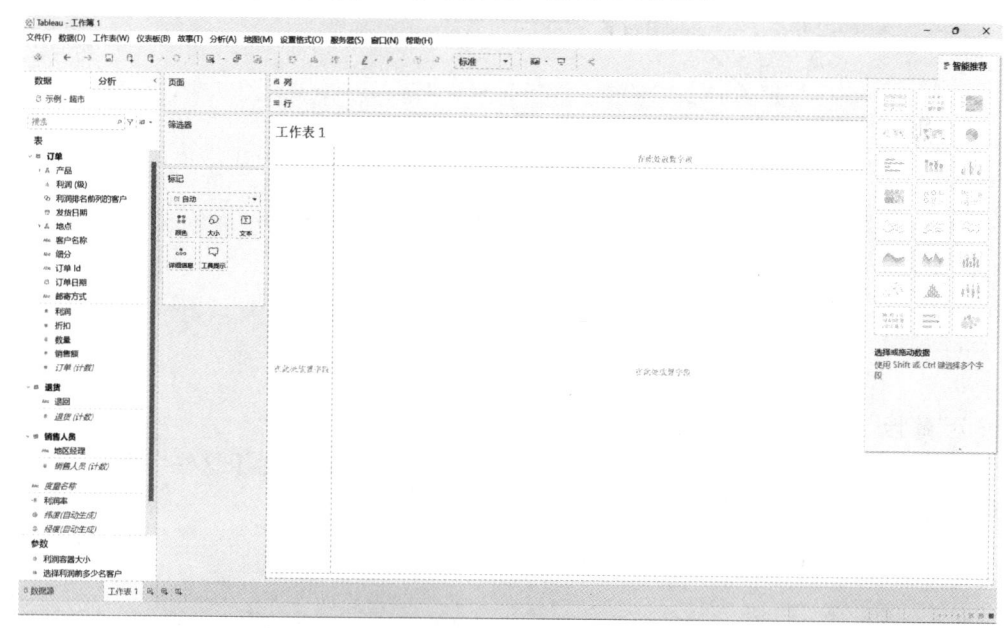

图 1.4　工作表界面

在 Tableau Desktop 中，除了可以新建工作表，还可以新建仪表板或故事，如图 1.5 所示。

1）工具栏

工具栏包含"撤销""保存""新建工作表"等快捷按钮，还包含"排序""交换行列""清空工作表""突出显示"等分析和导航图标。如果想设置工具栏，则可以通过选择菜单栏的"窗口"菜单中的"显示工具栏"选项来隐藏或显示工具栏，如图 1.6 所示。

2）状态栏

状态栏位于工作表界面的左下角。它主要显示当前工作表中图形的相关信息。如图 1.7 所示，状态栏显示了当前工作表中拥有 2770 个标记、1 行和 2770 列，还显示了所有标记的总和（销售额）。

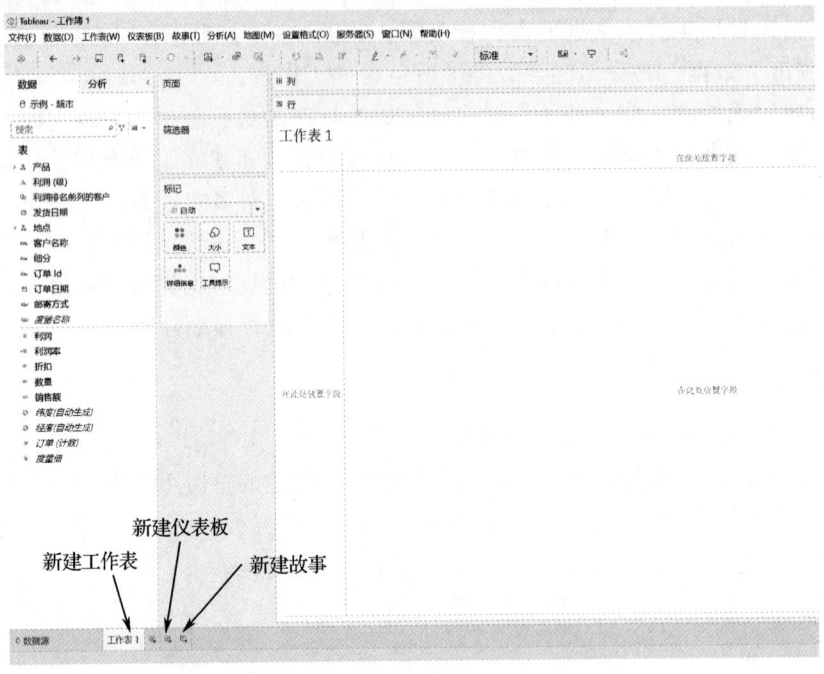

图1.5 新建工作表、仪表板和故事

图1.6 工具栏

图1.7 状态栏

3)"数据"选项卡

在"数据"选项卡中，列出了当前所选数据中可用的字段。对于这些字段，可以对其进行搜索、筛选及查看数据等，如图1.8所示。

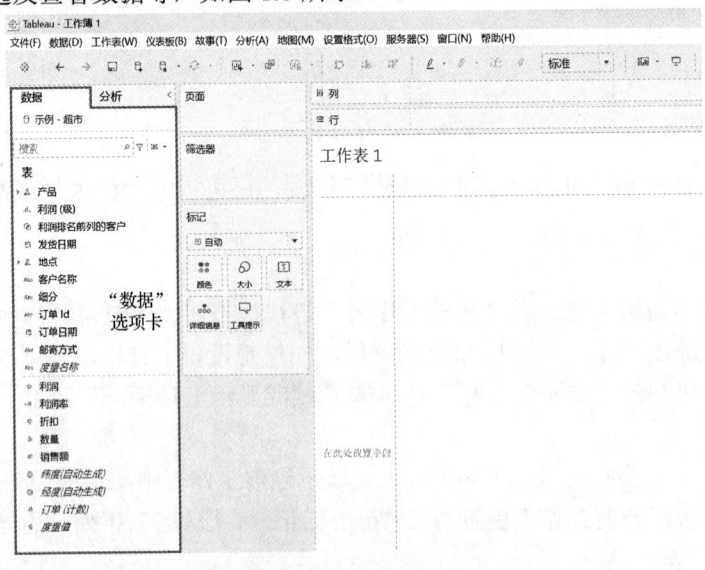

图1.8 "数据"选项卡

在"数据"选项卡中,包含了维度区域和度量区域。

(1)纬度区域。

导入数据后维度区域会包含离散分类信息的字段。当将维度区域中的某个字段拖放到行功能区或列功能区时,对应的列或行标题会被自动创建,如图 1.9 所示。

图 1.9　维度区域

(2)度量区域。

导入数据后,度量区域会包含定量数值信息的字段。当将度量区域中的某个字段拖放到行或列功能区时,对应的字段会被自动汇总并在图形区创建连续轴,如图 1.10 所示。

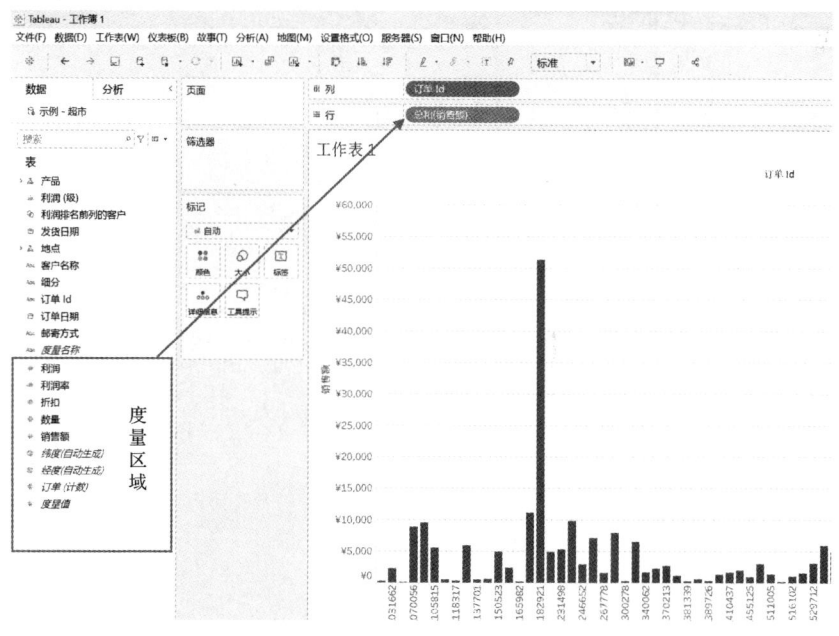

图 1.10　度量区域

4)"分析"选项卡

"数据"选项卡右边就是"分析"选项卡。可以在该选项卡中将对应的常量参考线、平均参考线和参考区间等拖放到右侧的图形区,如图1.11所示。

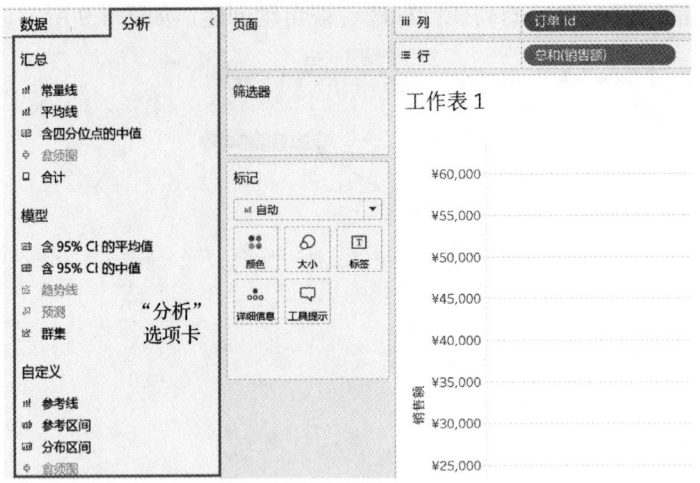

图1.11 "分析"选项卡

5)功能卡区

每个工作表都包含可显示或隐藏的各种不同的功能卡。这些功能卡是功能区、图例和其他控件的容器。例如,"标记"卡用于控制标记属性的位置,包含标记类型选择器,以及"颜色""大小""文本""详细信息""工具提示"等控件,有时还会出现"形状"和"角度"等控件,如图1.12所示。

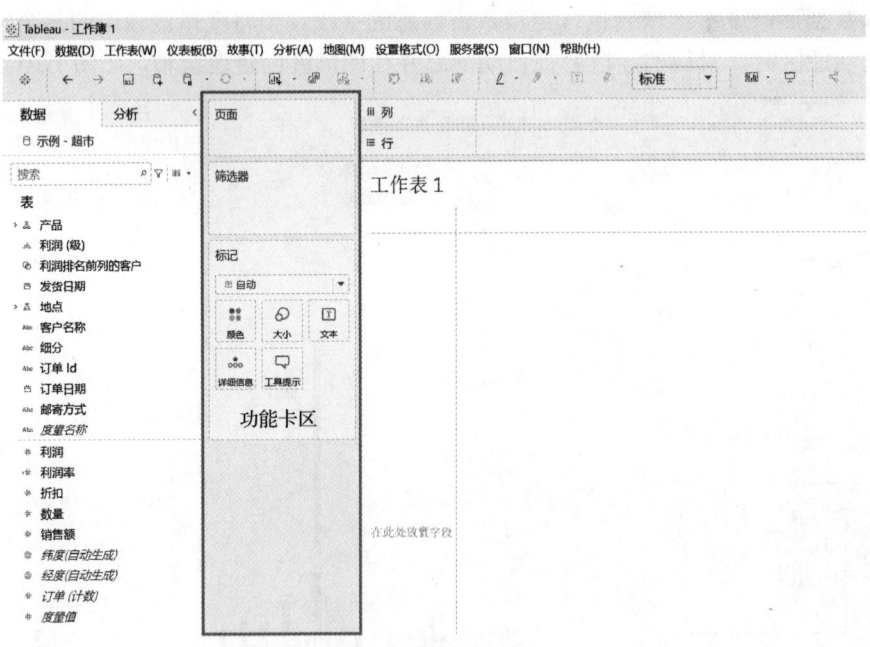

图1.12 功能卡区

1.3.2 文件类型

Tableau Desktop 提供了各种文件类型来保存工作簿、书签、打包工作簿、数据提取文件、数据源文件和打包数据源文件。

1．工作簿（.twb）

工作簿具有.twb 文件扩展名。工作簿含有一个或多个工作表或仪表板或故事。

2．书签（.tbm）

书签具有.tbm 文件扩展名。书签包含单个工作表，是快速分享所做工作的简便方式。

3．打包工作簿（.twbx）

打包工作簿具有.twbx 文件扩展名。打包工作簿是一个 zip 文件，包含一个工作簿，以及任何提供支持的本地文件数据和背景图像。

4．数据提取文件（.hyper）

数据提取文件具有.hyper 文件扩展名。数据提取文件是部分或整个数据的一个本地副本，可用于在脱机工作时与他人共享数据。

5．数据源文件（.tds）

数据源文件具有.tds 文件扩展名。数据源文件用于快速连接经常使用的原始数据。它不包含实际数据，只包含连接到数据源所必需的信息等。

6．打包数据源文件（.tdsx）

打包数据源文件具有.tdsx 文件扩展名。打包数据源文件是一个 zip 文件，包含上面描述的数据源文件（.tds）以及任何本地文件数据，例如数据提取文件、文本文件、Excel 文件、Access 文件和本地多维数据集文件。可以与无法访问您计算机上本地存储的原始数据的其他人分享该文件。

1.3.3 数据类型

在每种编程语言和数据库中都有不同的数据类型。数据类型描述了数据的存储格式、范围和操作方式。在 Tableau Desktop 中，常见的数据类型有以下 5 种。

1．字符串

字符串可以表示由 0 个或多个字符组成的序列，且可以通过单引号或双引号进行识别。

2．日期/日期时间

日期/日期时间可以表示日期或日期时间，如"January 23，1972"或"January 23，1972 12:32:00 AM"。

3. 数值型

数值型可以表示整数和浮点数。对于浮点数，聚合的结果可能并非总是完全符合预期。

4. 布尔型

布尔型一般表示逻辑值，包含TRUE或FALSE值的字段（当结果未知时会出现未知值）。

5. 地理角色

地理角色是Tableau Desktop中特有的数据类型。它可以根据需要将省、市字段转换为具有经纬度坐标的字段。

此外，Tableau Desktop还支持自定义数据类型，通常是通过"计算字段"功能获取。

导入数据后，原有的字段会被自动分配对应的数据类型。用户也可以对自动分配的数据类型进行手动转换。

第 2 章

条形图、直方图和数据导出

本章知识点：
- ✓ 掌握条形图的绘制
- ✓ 掌握直方图的绘制
- ✓ 掌握数据导出

2.1 条形图

条形图是一种把不同组数据绘制成数据条的表现形式，通过比较不同组的数据条长度对比不同组的数据量大小。

描绘条形图的要素有 3 个：组数、组宽度、组限。在绘制条形图时，不同组的数据条之间是有空隙的。

2.1.1 利用给定的"客户评价"表进行统计分析

下面利用某服装店客户对购买产品的评价表进行统计分析。

该表包含了 id（评价编号）、ClothingID（衣服编号）、Age（客户年龄）、Rating（评分）、ClassName（服饰品类名）、DivisionName（产品大类）、Recommended IND（是否推荐该产品，0 表示不推荐，1 表示推荐）7 个字段。

1．统计各类产品的评价数量

将"DivisionName"和"ClassName"两个字段拖放到列功能区中，自动生成的纬度指标"sheet1（计数）"字段被放置在行功能区中。将"sheet1（计数）"字段拖放到功能卡区的"标签"中，在工具栏中选择"整个视图"图标即可让图形铺满整个视图，如图 2.1 所示。

在图 2.1 中，可以看到图形区最左侧有"Null"空值，这是数据表中存在缺失产品类别的记录导致的；可以单击"Null"数据条，在出现的菜单中选择"排除"选项，如图 2.2 所示。

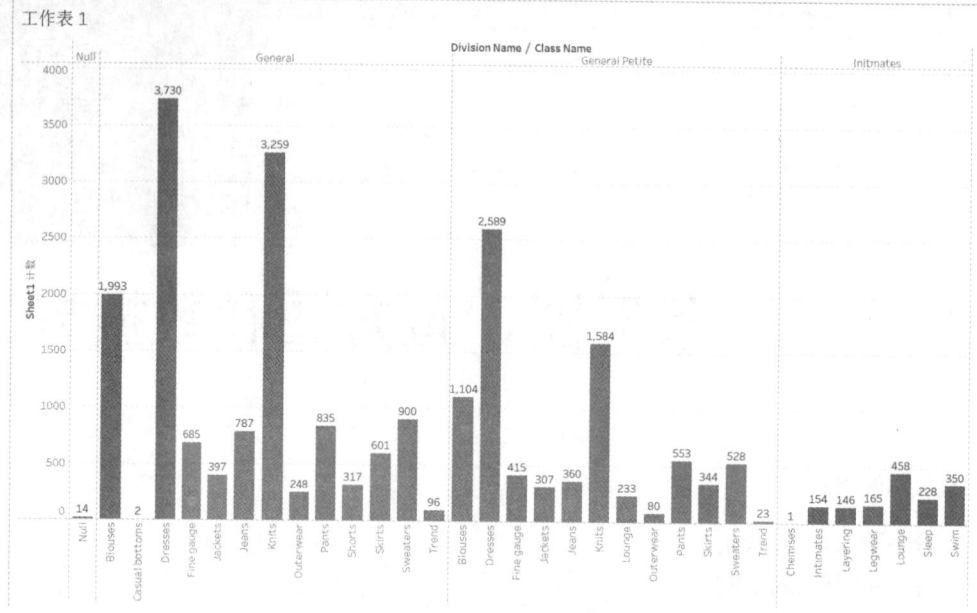

图 2.1　各类产品的评价数量条形图

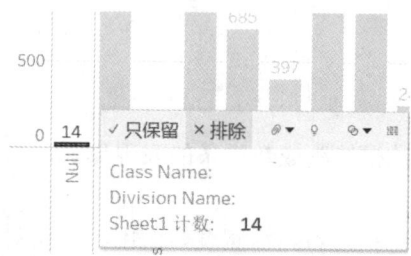

图 2.2　排除空值

2．统计各类产品评分的平均值，并显示是否推荐该产品

先统计出各类产品评分的平均值，再按是否推荐该产品进行堆积。

将"ClassName"字段放置在列功能区中，"Rating"字段放置在行功能区中。单击行功能区中的"Rating"字段，在出现的菜单中将"度量（总和）"选项改为"平均值"选项，如图 2.3 所示。

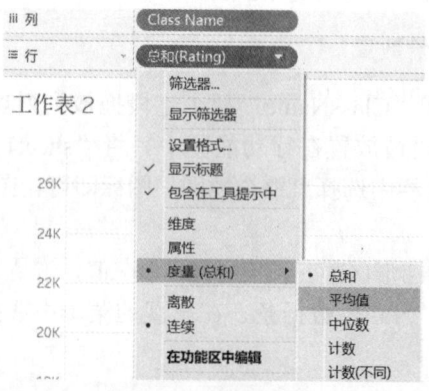

图 2.3　修改度量

在"数据"选项卡中单击"Recommended IND"字段,在出现的菜单中选择"转换为维度"选项,如图 2.4 所示,并修改其数据类型为"字符串",如图 2.5 所示。

图 2.4 修改字段为维度

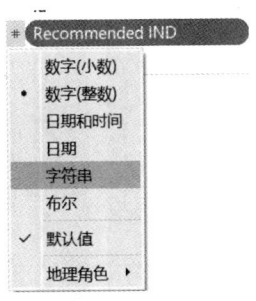

图 2.5 修改字段的数据类型

将修改后的"Recommended IND"字段拖放到功能卡区的"颜色"中。排除图形区最左侧的空隙,并在工具栏中选择"整个视图"图标,最终得到如图 2.6 所示的图形。

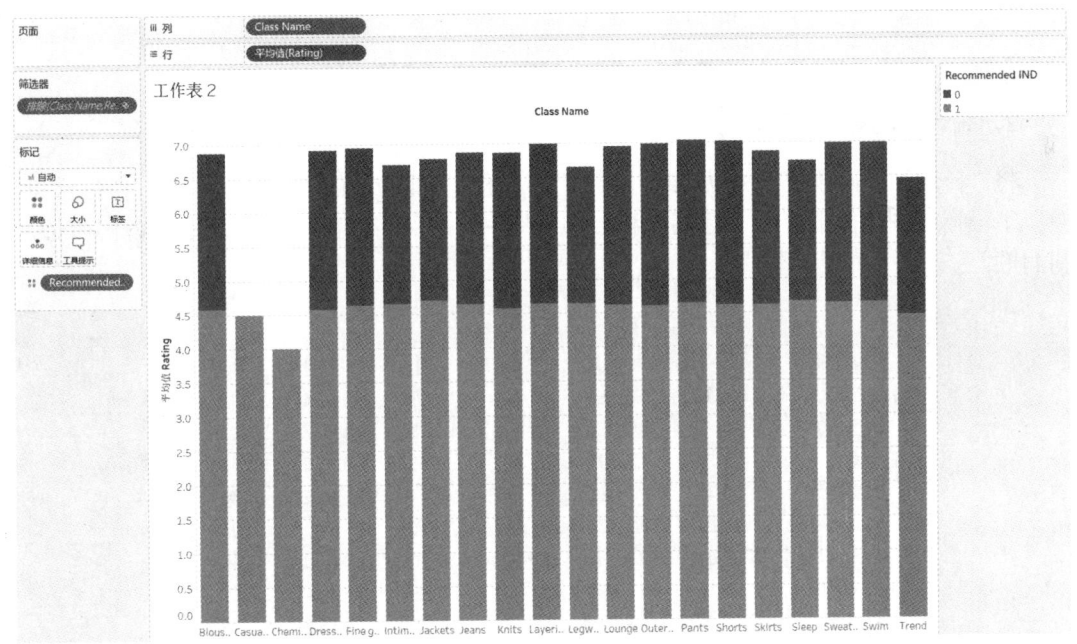

图 2.6 各类产品评分的平均值及是否推荐该产品堆积图

2.1.2 利用"某超市销售数据"表,根据要求进行统计分析

1. 添加各门店总利润平均线

将"门店名称"字段放置在列功能区中,"利润"字段放置在行功能区中,并在"分析"选项卡中选择"平均线"选项,如图 2.7 所示。

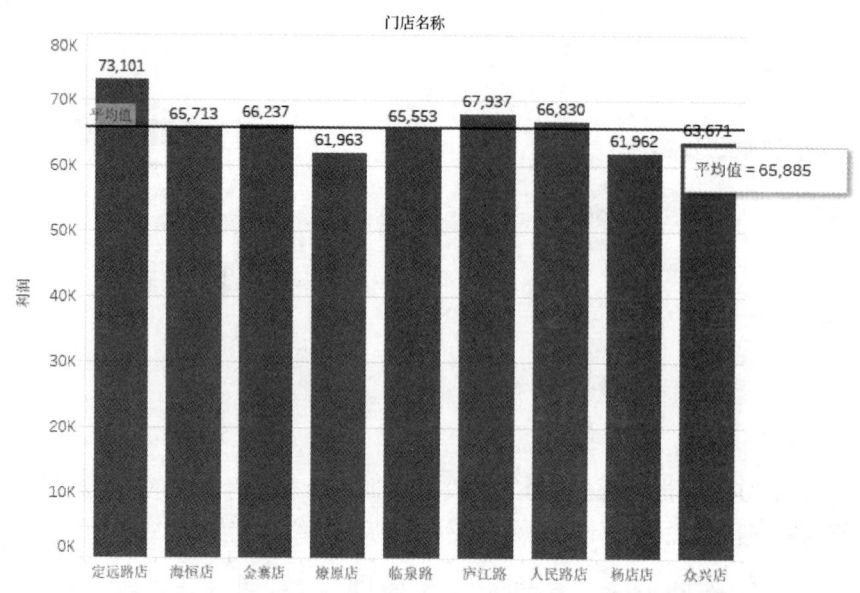

图 2.7 添加各门店总利润平均线

2. 统计各门店每月利润额

将"日期"字段放置在列功能区中,"门店名称"字段放置在行功能区中,再将"利润额"字段拖放到功能卡区的"标签"和"颜色"中,即可得到如图 2.8 所示的各门店每月利润额。

门店名称	一月	二月	三月	四月	五月	六月
定远路店	14,121	12,363	11,255	10,536	12,114	12,711
海恒店	10,423	9,355	10,525	10,015	14,077	11,319
金寨店	10,846	12,891	11,967	9,352	10,386	10,795
燎原店	11,485	9,383	10,387	9,529	11,815	9,365
临泉路	11,144	10,238	11,502	10,902	10,780	10,988
庐江路	12,140	10,669	11,100	10,606	10,820	12,602
人民路店	11,073	12,550	12,601	10,890	9,094	10,622
杨店店	9,819	8,943	9,040	12,254	10,256	11,650
众兴店	11,214	9,918	10,555	11,836	10,548	9,599

图 2.8 各门店每月利润额

3. 统计人民路店排名前十的商品销售额

将"门店名称"添加到筛选器中,筛选出"人民路店",将"商品名称"也添加到筛选器中,并按字段显示利润,然后排序并添加"销售额"标签,如图 2.9 所示。

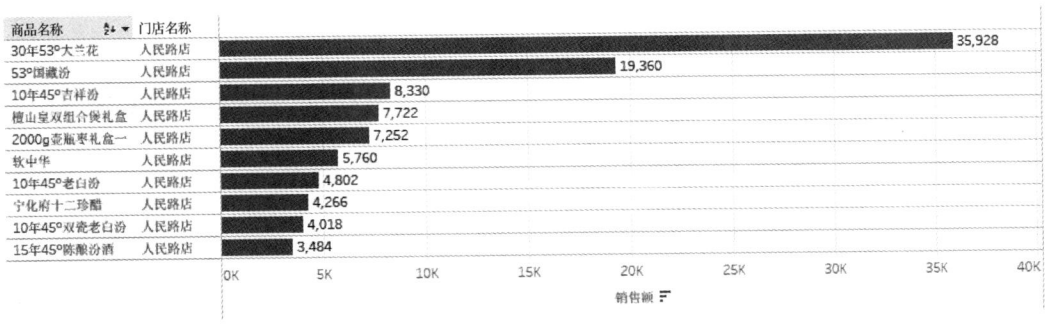

图 2.9　人民路店排名前十的商品销售额条形图

2.2　直方图

2.2.1　直方图概述

直方图是一种统计报告图,由一系列高度不等的纵向条纹或线段表示数据分布的情况,一般用横轴表示数据类型,纵轴表示分布情况。直方图的类型如表 2.1 所示。

表 2.1　直方图的类型

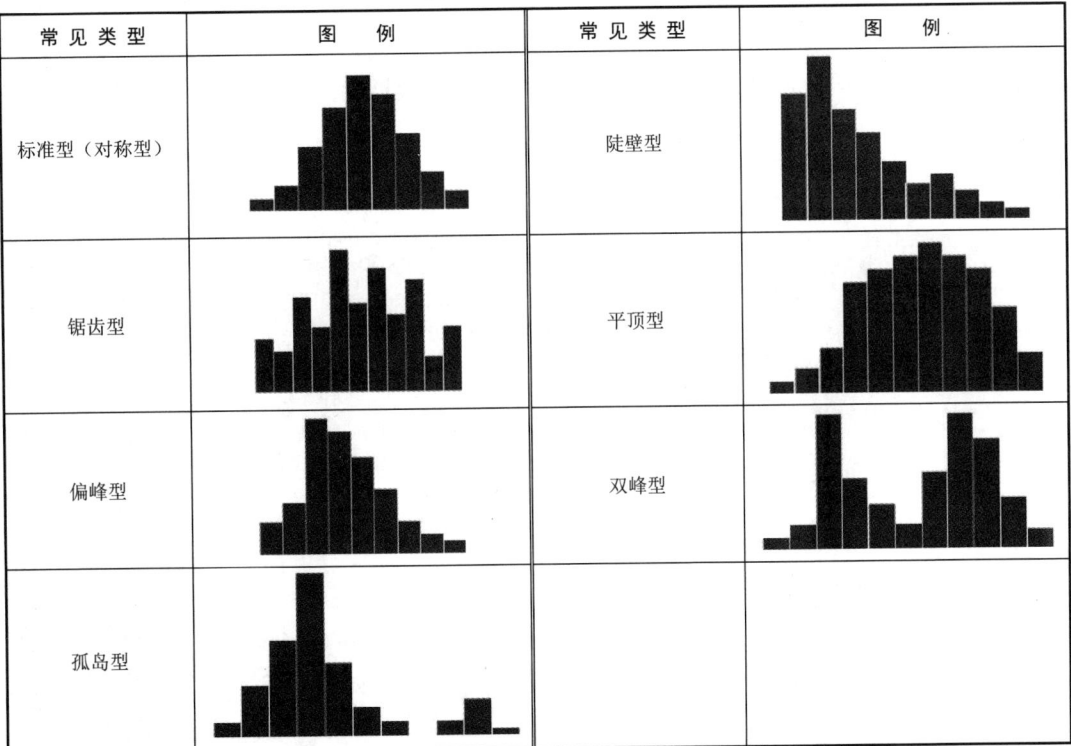

常见类型	图　例	常见类型	图　例
标准型(对称型)		陡壁型	
锯齿型		平顶型	
偏峰型		双峰型	
孤岛型			

一般在绘制直方图时，图形是竖直的，不常用横铺。直方图必须创建"数据桶"，且一般将"数据桶"字段放置到列功能区中，"记录数"字段放置到直方图的行功能区中。

2.2.2 利用给定的"客户评价"表创建各年龄段评价数量直方图

1．创建数据桶

在"数据"选项卡中，单击"Age"→"创建"→"数据桶"选项，如图2.10所示。

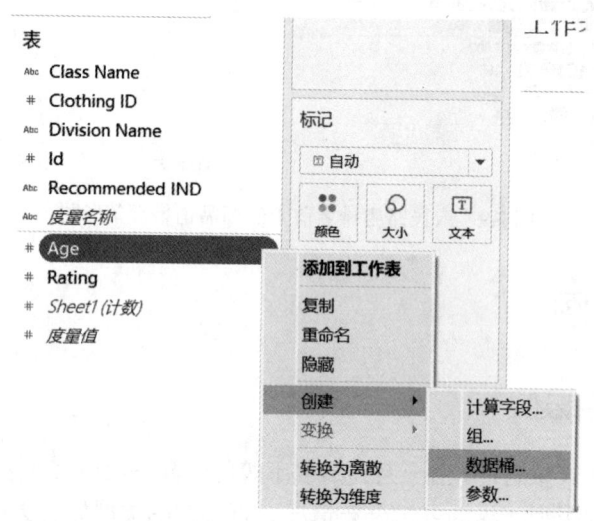

图2.10 创建数据桶

2．设置数据桶参数

在打开的"编辑数据桶[Age]"对话框中，修改"数据桶大小"为5，如图2.11所示。

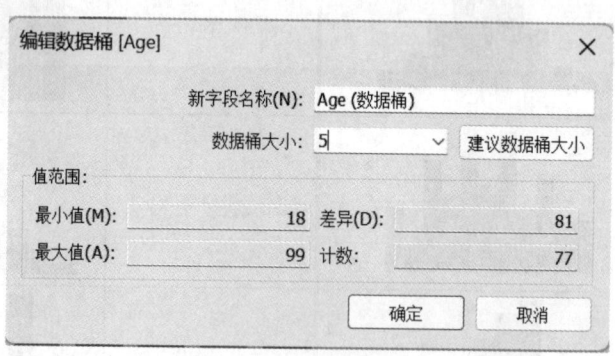

图2.11 设置数据桶参数

3．创建各年龄段评价数量直方图

将创建的"Age（数据桶）"字段设置在对应的列功能区中，"Sheet1（计数）"字段放置在行功能区中，在工具栏中选择"整个视图"图标，得到如图2.12所示的图形。

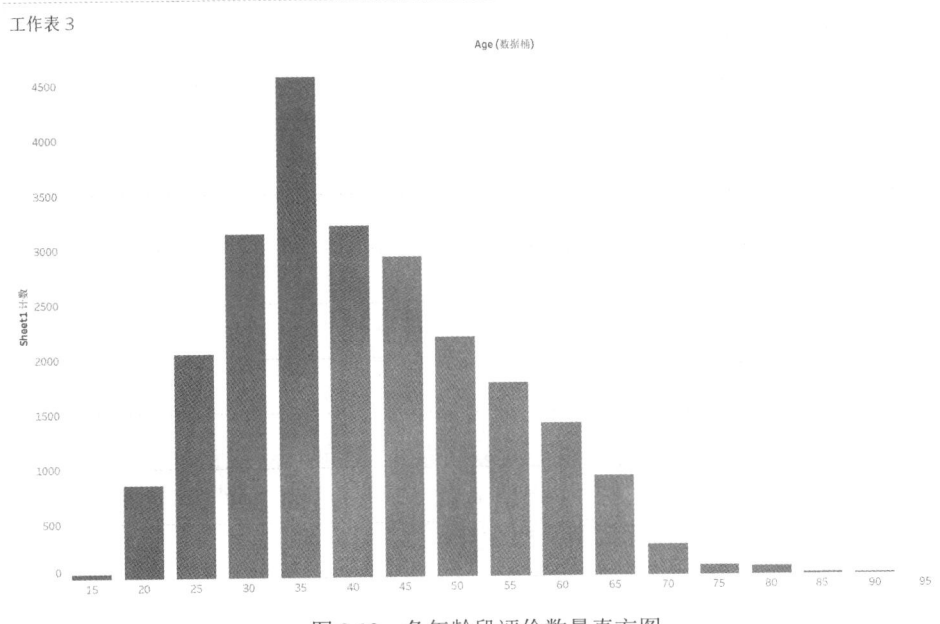

图 2.12　各年龄段评价数量直方图

2.2.3　更改直方图

直方图体现的是数据的分布态势。其中，每个柱形（数据条）表示的是一个数据区域而不是一个值。

1．更改数据桶的值

可以单击已创建的数据桶右侧小按钮，在出现的菜单中选择"编辑"选项，便可以进行数据范围的修改。

2．更改直方图数据条别名

右击直方图数据条下的数值，在出现的菜单中选择"编辑别名"选项，便可以更改直方图数据条别名，如图 2.13 所示。

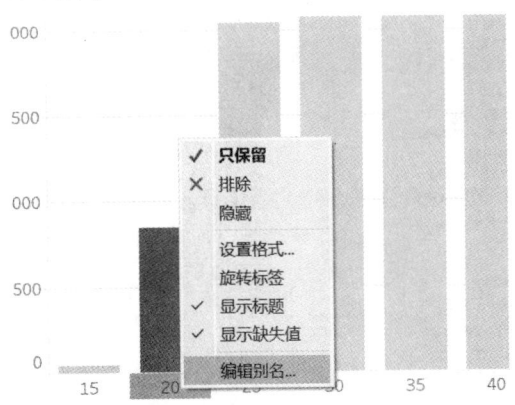

图 2.13　更改直方图数据条别名

2.3 数据导出

数据导出是指计算机对各类输入数据进行加工处理后，将结果以用户所要求的形式输出。本节将介绍 Tableau Desktop 的数据导出，包括数据文件导出、图片文件导出、PDF 文件导出、PowerPoint 文件导出。

Tableau Desktop 的数据导出主要导出以下几种数据。

（1）导出图形中的数据。

（2）导出数据源数据。

（3）导出交叉表数据。

（4）导出 Access 数据。

Tableau Desktop 的图形中的数据可以通过复制导出，还可以通过逐一设置显示样式导出。

如果要将 Tableau Desktop 生成的各类图形和表导出为 PDF 文件，可以在菜单栏中单击"文件"→"打印为 PDF"选项，如图 2.14 所示。

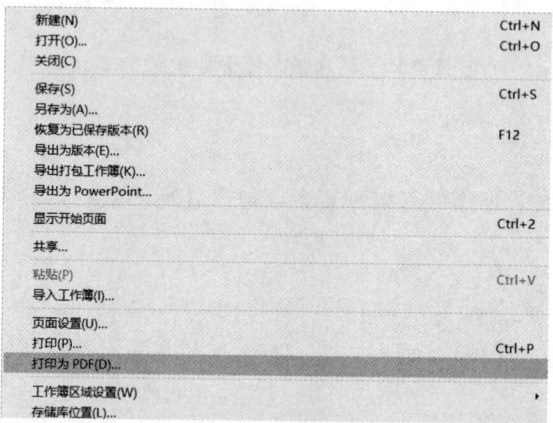

图 2.14　导出为 PDF 文件

如果要将 Tableau Desktop 生成的各类图形和表导出为 PowerPoint 文件，可以在菜单栏中单击"文件"→"导出为 PowerPoint"选项，注意导出结果是图片，如图 2.18 所示。

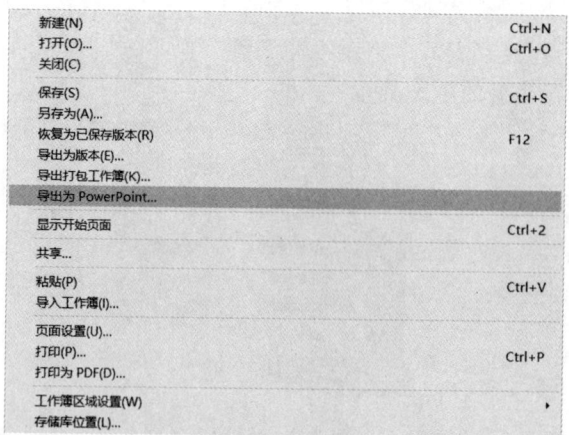

图 2.15　导出为 PowerPoint 文件

除此以外，还可以在右侧工作表区域通过"复制"功能实现常用类型文件的保存，如图 2.16 所示。

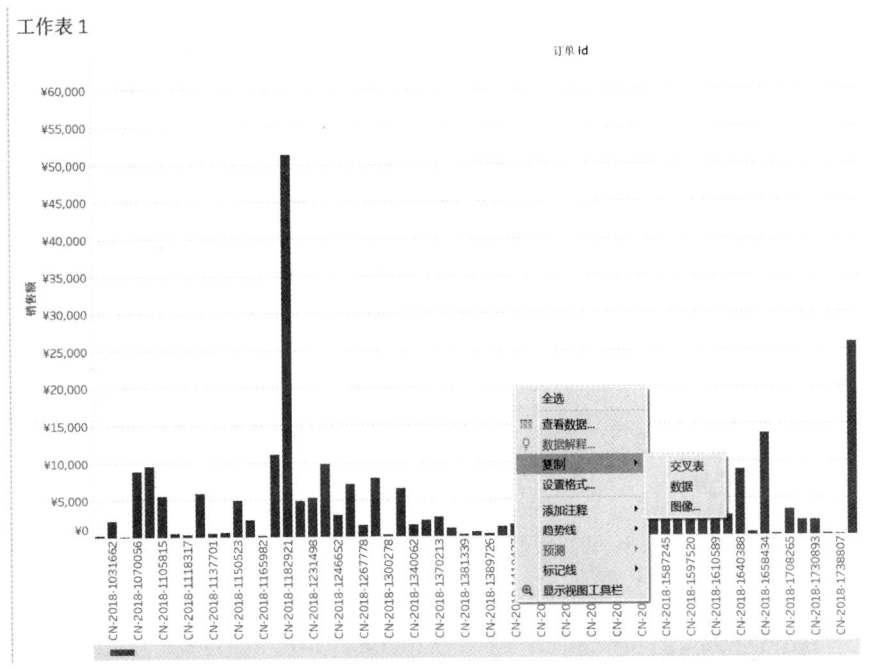

图 2.16 通过"复制"功能实现常用类型文件的保存

练习案例

根据给定的"电影数据.xlsx"文件，完成以下任务。
(1) 绘制各国家电影数量条形图。
要求：横向条形图；按照升序排列；条形图顶部要有标签（要全部显示）；将图表充满整个视图区；给出分析结论。
(2) 统计最热门的十部电影。
要求：显示电影名和投票人数；将图表充满整个视图区。
(3) 显示 2015 年各类型的电影数量。
要求：将"上映时间"数据类型更改为日期型，并做筛选。
(4) 显示中国电影评分的平均值最低的 10 种电影类型。
要求：按降序排列；显示电影类型、评分的平均值、电影产地。
(5) 创建电影评分直方图。
要求：修改底部数字标签；以实际评分区间为底部标签数值；标签要显示完整；分析电影评分直方图。

第 3 章

饼图、折线图和散点图

本章知识点：

- ✓ 掌握数据的简单处理
- ✓ 掌握饼图的绘制
- ✓ 掌握折线图的绘制
- ✓ 掌握散点图的绘制

3.1 数据处理

数据源中的原始数据有时需要被简单处理后才能使用。在对数据源中的数据进行简单处理时，可以将字段进行拆分、隐藏、重命名、删除等操作。

案例：导入"电影信息"表，并对该表进行简单的处理。

注：该表的字段和数据来源于电影数据库（The Movie Database，TMDB）的一部分。TMDB 是一个全球共享的电影数据库，起源于 2008 年的电影爱好者信息交流社区。

该表包含了 Id（编号）、Original_title（原标题）、Genres（类型）、Production Countries（制作国家）、Release Date（上映日期）、Cast（演员阵容）、Revenue（收益）、Vote Average（电影平均评分）、Vote Count（参与评分人数）9 个字段。

要求：分别对"Original_title""Genres""Production Countries""Cast" 4 个字段做简单处理。

1. 将"Original_title"重命名为"move_title"

第一种方法：选中整列，在右键快捷菜单中选择"重命名"选项。

第二种方法：直接双击字段名进行重命名，如图 3.1 所示。

2. 拆分"Genres"字段的值，提取出电影的第一种类型

仔细观察"Genres"字段的值，发现其中的数据有很多类型，并夹带了很多的符号。在数据可视化时，需要将数据值进行简单的"清洗"。Tableau Desktop 提供了"拆分"操作，会自动将字段的值进行拆分。选择"Genres"字段所在的列，在右键快捷菜单中选择"拆分"选项，如图 3.2 所示。

饼图、折线图和散点图　第 3 章

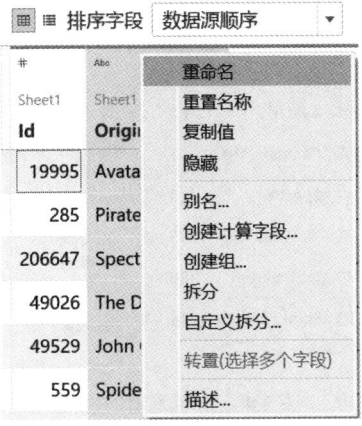

图 3.1　重命名字段

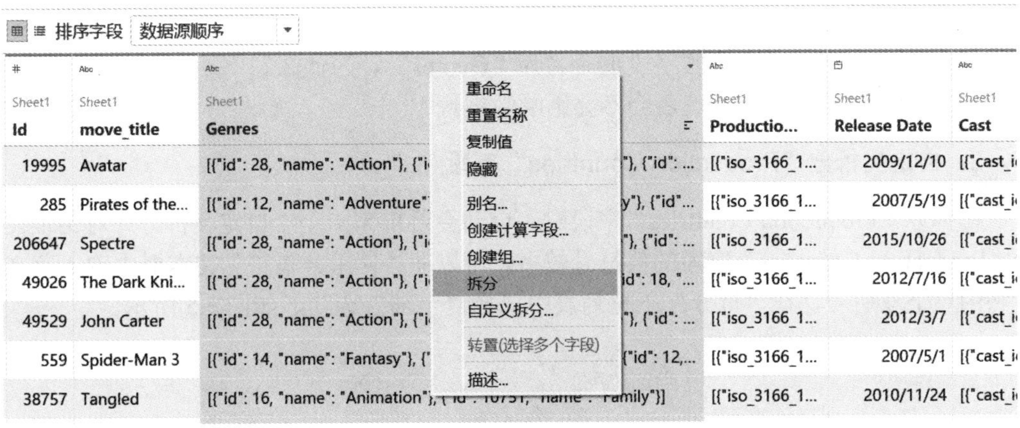

图 3.2　拆分字段

"Genres"字段被自动拆分后，发现会多出来两个拆分后的字段，分别是"Genres-拆分 1"和"Genres-拆分 2"。其中，"Genres-拆分 2"就是我们需要的字段。

先将原字段隐藏，如图 3.3 所示。

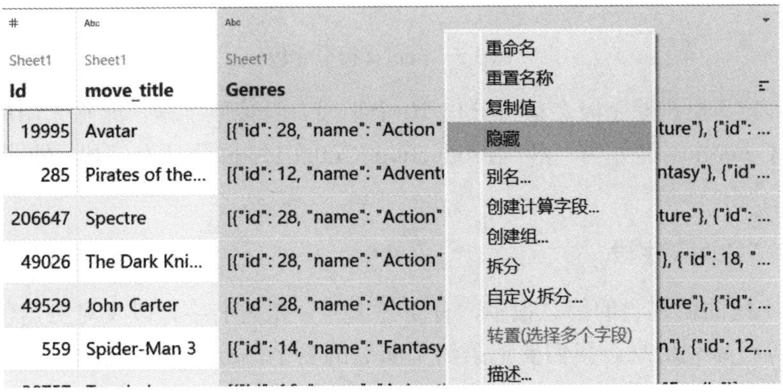

图 3.3　隐藏原字段

再将拆分后无用的字段删除，如图 3.4 所示。

21

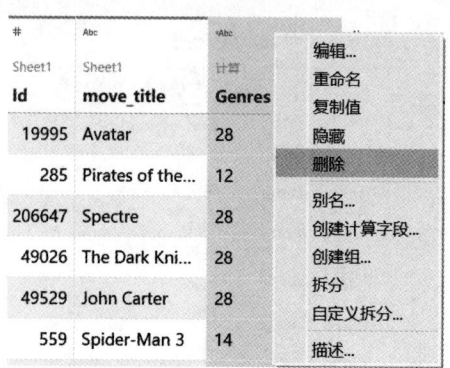

图 3.4　删除无用的字段

将"Genres-拆分 2"字段重命名为"move_genres"。

请思考两个问题：
- 是否可以将拆分出来的字段重命名为"Genres"？为什么？
- 对导入的数据进行处理后会不会影响数据源？

3. 自定义拆分"Production Countries"字段

在拆分"Production Countries"字段时，自动会跳出来一个"自定义拆分"对话框。由于"Production Countries"字段的值符号较多，可以在"使用分隔符"文本框中输入英文输入法的单个双引号，在"拆分"下拉列表中选择"全部"选项，如图3.5所示。

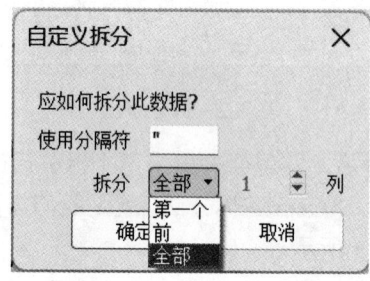

图 3.5　自定义拆分字段

单击"确定"后，原字段会被拆分出 10 个字段。隐藏原字段，删除无用的字段，保留"Production Countries-拆分 4"和"Production Countries-拆分 8"字段，并将其重命名为"Countries"。

4. 拆分"Cast"字段

"Cast"字段的值包含的信息很多，有角色编号、角色名字，以及对应角色出演的演员编号、名字等一系列信息。我们要把第一个演员的名字拆分出来。这时，可以用自定义拆分的方式拆分多次得到。

比如，我们可以先通过分隔符"}"将原字段拆分出一部分——"Cast-拆分 1"字段，然后通过分隔符"，"及拆分"全部"的方式继续拆分这部分，如图 3.6 所示。

饼图、折线图和散点图　第3章

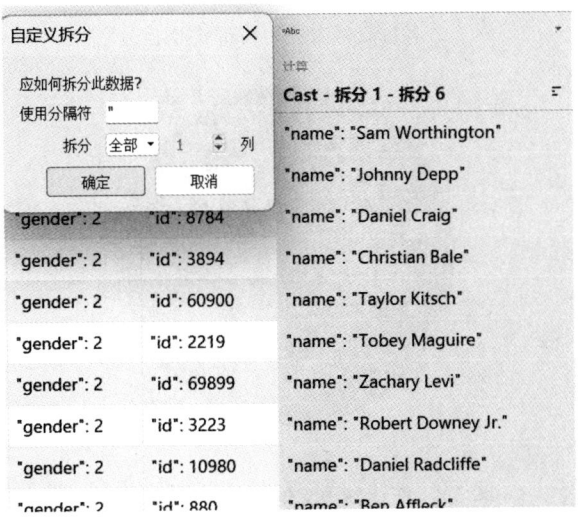

图3.6　多次拆分字段

隐藏拆分的依据字段，删除无用的字段，并将其重命名为"starring"。处理好的字段如图3.7所示。

Id	move_title	move_genres	Countries	Release Date	starring	Revenue	Vote Average	Vote Count
19995	Avatar	Action	United States of America	2009/12/10	Sam Worthington	2,787,965,087	7.20000	11,800
285	Pirates of the Caribbean...	Adventure	United States of America	2007/5/19	Johnny Depp	961,000,000	6.90000	4,500
206647	Spectre	Action	United Kingdom	2015/10/26	Daniel Craig	880,674,609	6.30000	4,466
49026	The Dark Knight Rises	Action	United States of America	2012/7/16	Christian Bale	1,084,939,099	7.60000	9,106
49529	John Carter	Action	United States of America	2012/3/7	Taylor Kitsch	284,139,100	6.10000	2,124
559	Spider-Man 3	Fantasy	United States of America	2007/5/1	Tobey Maguire	890,871,626	5.90000	3,576
38757	Tangled	Animation	United States of America	2010/11/24	Zachary Levi	591,794,936	7.40000	3,330
99861	Avengers: Age of Ultron	Action	United States of America	2015/4/22	Robert Downey Jr.	1,405,403,694	7.30000	6,767
767	Harry Potter and the Ha...	Adventure	United Kingdom	2009/7/7	Daniel Radcliffe	933,959,197	7.40000	5,293
209112	Batman v Superman: Da...	Action	United States of America	2016/3/23	Ben Affleck	873,260,194	5.70000	7,004
1452	Superman Returns	Adventure	United States of America	2006/6/28	Brandon Routh	391,081,192	5.40000	1,400
10764	Quantum of Solace	Adventure	United Kingdom	2008/10/30	Daniel Craig	586,090,727	6.10000	2,965

图3.7　处理好的字段

3.2　饼图

饼图用于展示每个数据系列的占比。饼图中每个数据系列具有唯一的颜色或图案，并且在饼图的图例中表示。

案例：导入给定的"某超市销售数据"表，统计各种支付方式的利润额占比。

在功能卡区的"标签"中添加"支付方式"和"总和（利润）"两个字段。

这里会用到快速表计算功能。单击"总和（利润）"→"快速表计算"→"合计百分比"选项，并将"总和（利润）"字段设置为小数位数为0的数字格式，如图3.8所示。

23

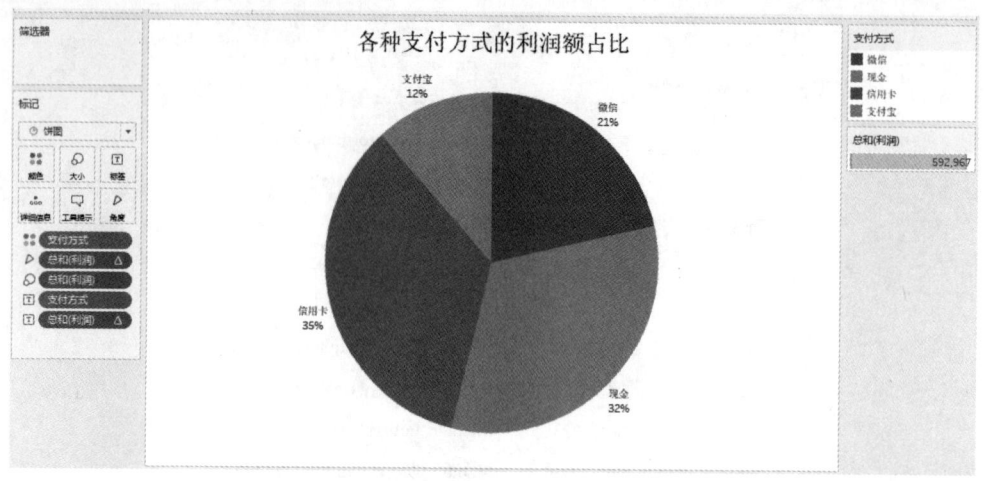

图 3.8　统计各种支付方式的利润额占比

3.3　折线图

折线图是用直线段将各个数据点连接起来而组成的图形。它以折线方式显示数据的变化趋势。折线图可以显示随时间（根据常用比例设置）而变化的连续数据，因此非常适合显示相等时间间隔的数据趋势。在折线图的列功能区中，一般放置的是时间型的字段。

案例 1：利用"电影信息"表，统计电影数量变化。

将"Release Date"字段拖放到列功能区中，自动生成的"计数"字段被放置在行功能区中。将"计数"字段拖放到功能卡区的"文本"中，在工具栏中选择"整个视图"图标即可形成折线图，如图 3.9 所示。

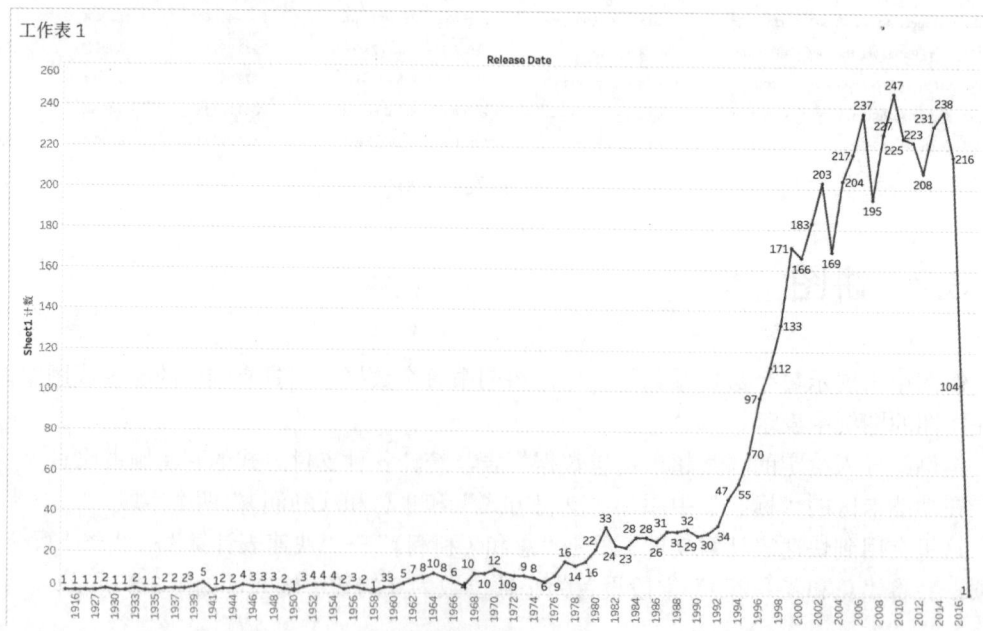

图 3.9　电影数量变化折线图

在图 3.9 中，双击轴标题"Sheet1 计数"，在打开的"编辑轴［Sheet1 计数］"对话框中，在标题文本框中输入"电影数量"，如图 3.10 所示。

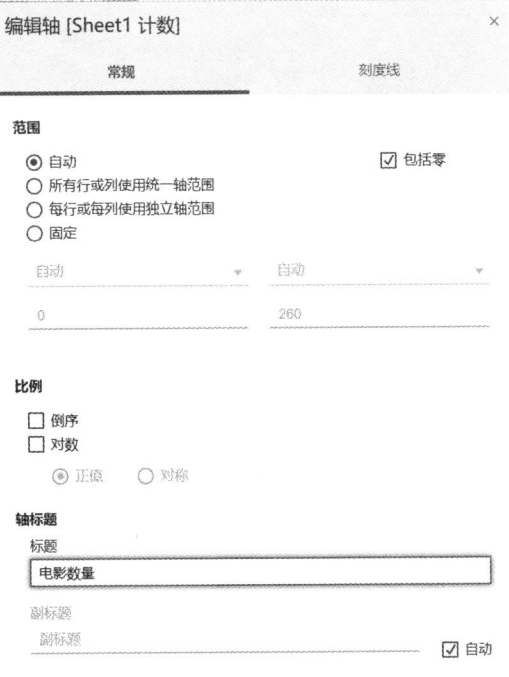

图 3.10　编辑轴标题

我们可以在电影数量变化折线图中的折线最高点处添加注释。先选中电影数量变化折线图中的折线最高点，在右键快捷菜单中选择"添加注释"→"标记"选项，如图 3.11 所示，然后编辑注释内容，如图 3.12 所示。

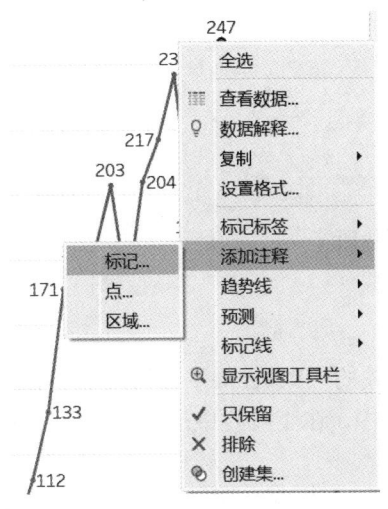

图 3.11　添加注释区域

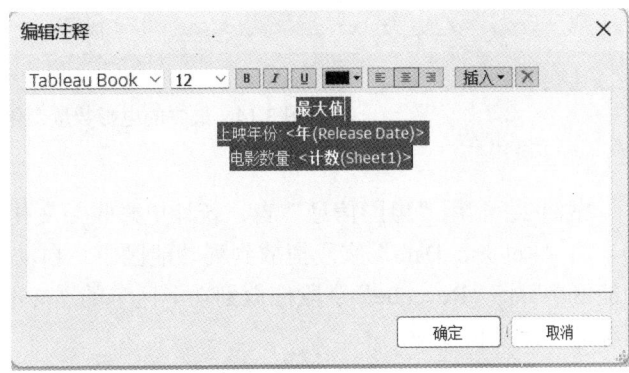

图 3.12　编辑注释内容

选中添加的"标记"，此时会出现红色的框，在右键快捷菜单中选择"设置格式"选项即可对该标记设置边框、线等格式，如图 3.13 所示。

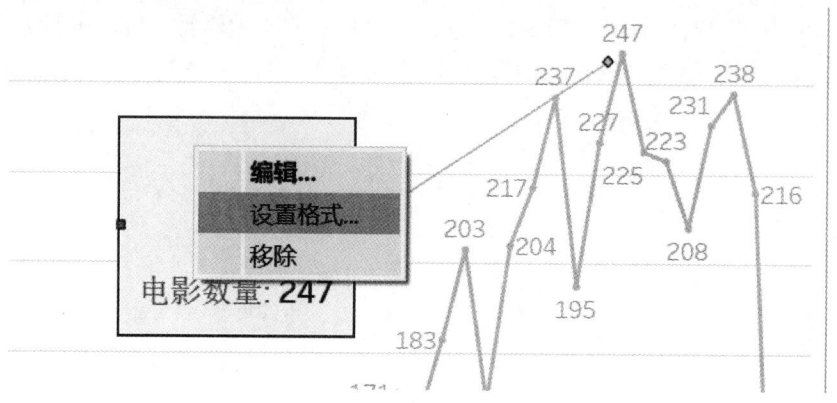

图 3.13　设置标记格式

最终的电影数量变化折线图如图 3.14 所示。

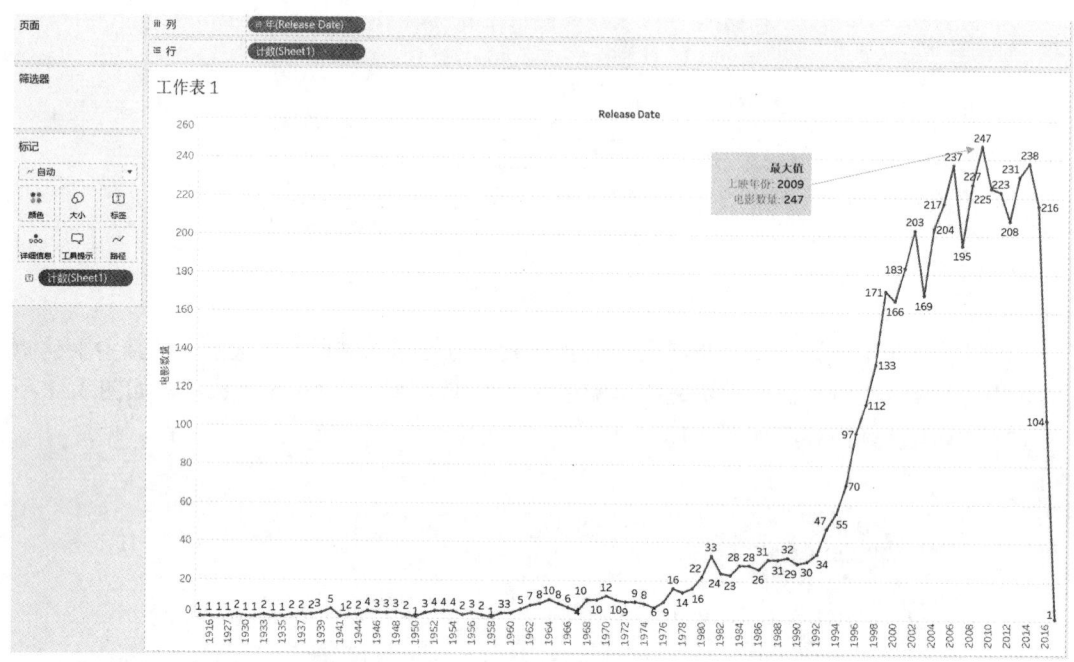

图 3.14　最终的电影数量变化折线图

案例 2：利用"电影信息"表，统计电影收益变化。

将"Release Date"字段拖放到列功能区中，自动生成的"Revenue"字段被放置在行功能区中。将"Revenue"字段拖放到功能区卡的"文本"中，在工具栏中选择"整个视图"图标即可形成折线图。

单击功能卡区"标签"中的"总和（Revenue）"字段，在出现的菜单中选择"设置格式"选项即可对该字段进行数字格式设置，如图 3.15 所示。

图 3.15　设置字段数字格式

最终电影收益变化折线图如图 3.16 所示。

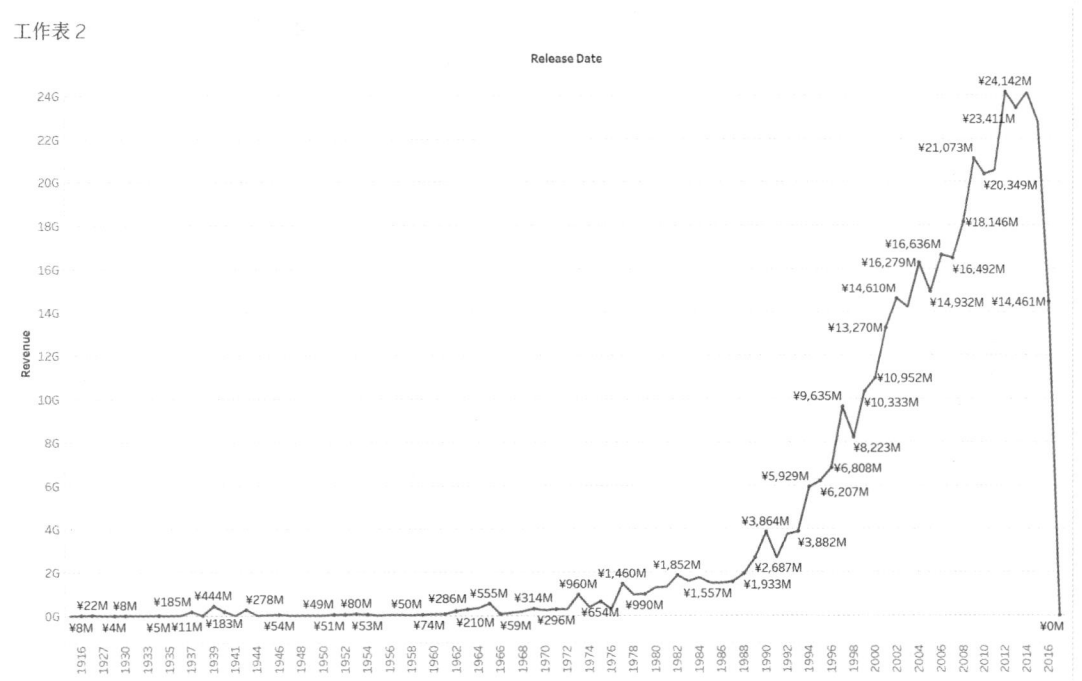

图 3.16　最终电影收益变化折线图

案例 3：利用"电影信息"表，对 2009 年的电影数量与收益进行比较分析。

首先要用筛选器将"Release Date"按"年"筛选出"2009"年，如图 3.17 所示。

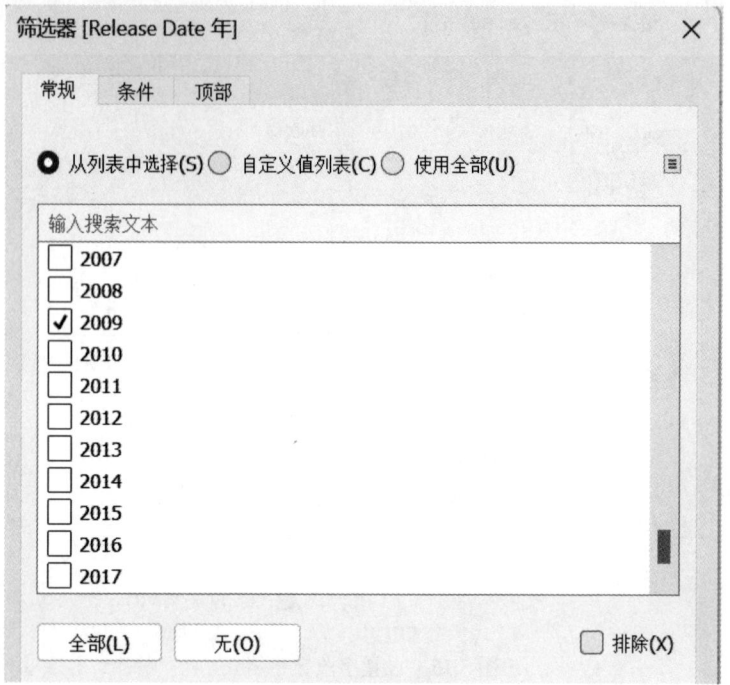

图 3.17 筛选出 "2009" 年

将 "Release Date" 字段放置在列功能区中，"Revenue" 和 "Sheet1（计数）" 字段放置在行功能区中，并将 "Release Date" 字段按 "月" 显示即可形成双折线图，如图 3.18 所示。

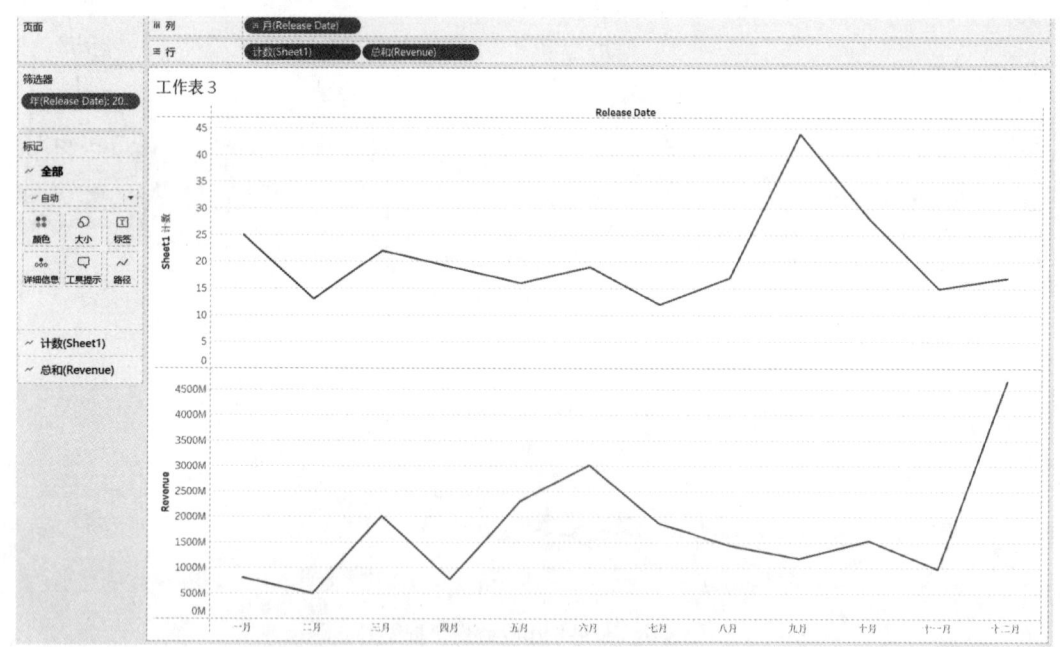

图 3.18 2009 年电影数量与收益比较分析双折线图

可以将 2009 年电影数量与收益比较分析结果作为说明添加到该双折线图里。

在功能卡区的空白区域右击，在弹出的菜单中选择 "说明" 选项，如图 3.19 所示。

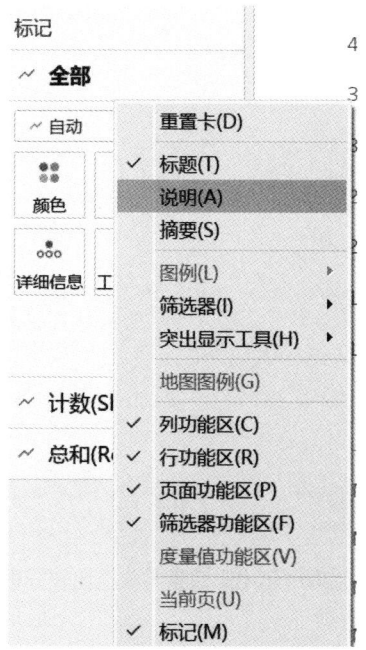

图 3.19　添加说明

在工作表底部会出现"说明"文本框。在该文本框中输入要说明的内容即可。

我们可以将图 3.18 进行简单处理，便可以实现"双轴"的效果。

单击图 3.18 中下方折线轴标题"Revenue"，在出现的菜单中选择"双轴"选项，如图 3.20 所示。

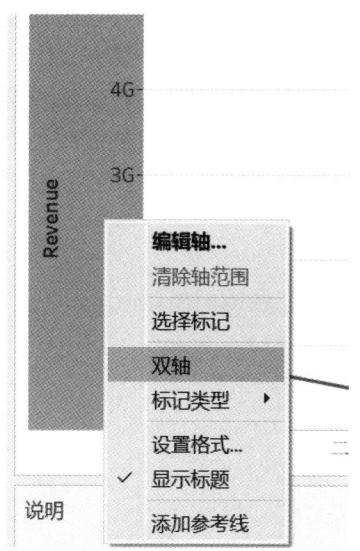

图 3.20　选择"双轴"选项

最终得到如图 3.21 所示的双轴图。

在图 3.21 中，浅色折线表示电影数量，深色折线表示收益。从图 3.21 中可以看出，九月份的电影数量是最高的，但是相对收益比较低。

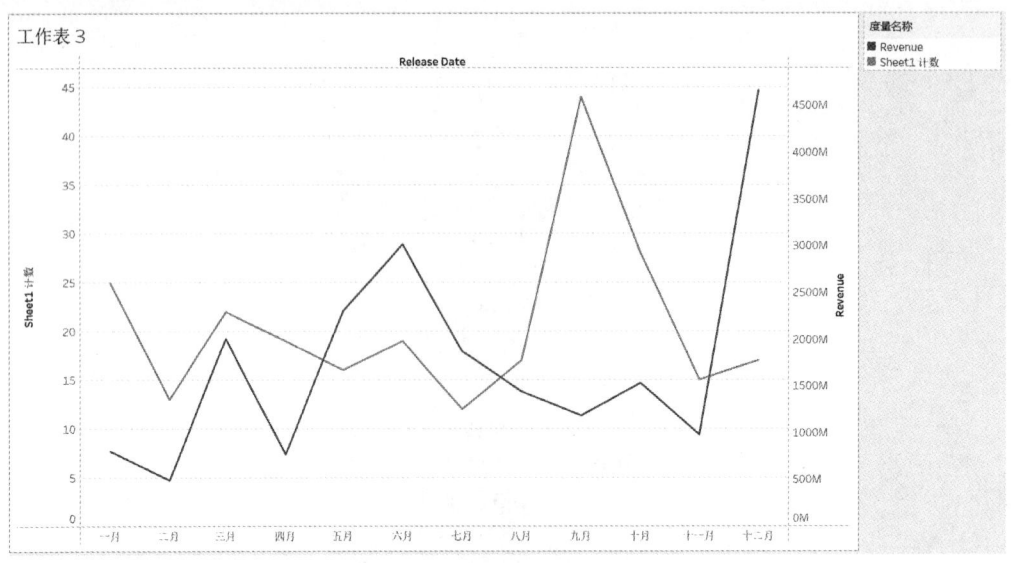

图 3.21　2009 年电影数量与收益比较分析双轴图

3.4　散点图

可以通过散点图表示因变量随自变量变化的趋势，并可以据此选择合适的函数对散点图中的数据点进行拟合。例如，用两组数据构成多个坐标点，根据坐标点的分布，判断两个变量之间是否存在某种关联或总结坐标点的分布模式等。

案例：导入给定的"某超市销售数据"表，查看销售额和利润额的关系散点图。

首先，将"利润"字段放置在列功能区中，"销售额"字段放置在行功能区中。

然后，选择"菜单栏"中的"分析"选项，在出现的菜单中取消"聚合度量"选项。

最后，将"销售额"拖放到"形状"中即可形成散点图。我们可以在"形状"选项卡中自由选择图形，如图 3.22 所示。

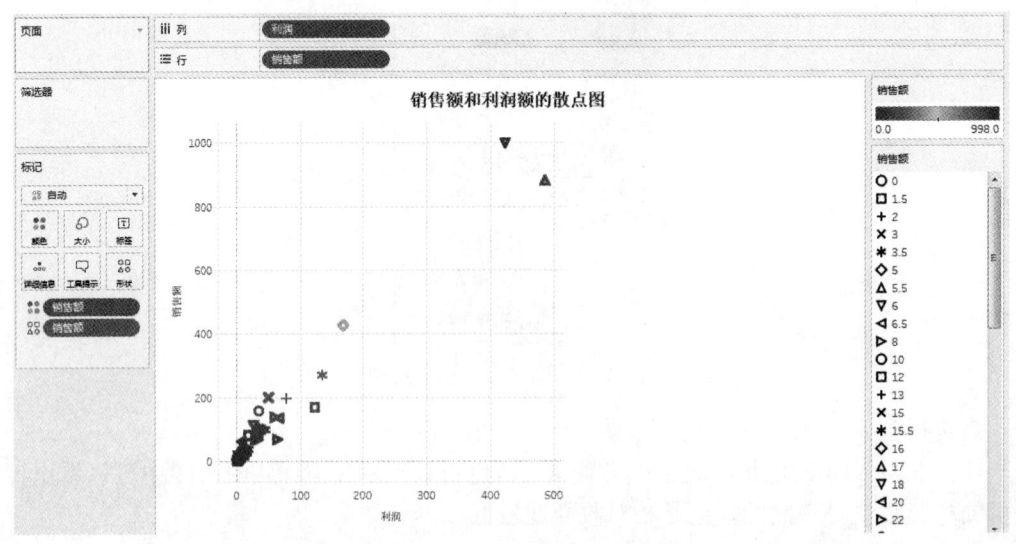

图 3.22　销售额和利润额的散点图

练习案例

(1) 利用"商品订单"表（orders.xlsx），完成以下任务。

① 绘制企业各门店商品销售额的饼图，并将相关数据的分析结果作为说明添加到该饼图里。

② 绘制企业各月份销售额的折线图，并将相关数据的分析结果作为说明添加到该折线图里。

(2) 利用"某超市销售数据"表，完成以下任务。

通过折线图统计每月商品销售额并显示预测结果。

要求：将销售额"范围"改为固定值"200000"。

第 4 章

树状图、气泡图和词云

相关知识点：
- ✓ 掌握树状图的绘制
- ✓ 掌握气泡图的绘制
- ✓ 掌握词云的绘制

4.1 树状图

树状图是一种相对简单的可视化视图，是通过具有视觉吸引力的格式展示信息的。树状图是在嵌套的矩形中显示数据的，并使用维度定义结构，使用度量定义各个矩形的大小或颜色。树状图可以显示多维度的数据，且每个纬度分别用大小和颜色区分。

案例：导入"电影信息"表，用树状图显示不同类型电影数量与收益。

首先，要对数据进行简单的处理：拆分表中的"Genres"字段，并将该字段重命名为"move_genres"，隐藏原字段（具体步骤可详见第 3 章）。

然后，将"move_genres"字段放置在行功能区中，"计数（Sheet1）"字段放置在列功能区中；在工具栏右侧的"智能推荐"选择卡中选择"树状图"选项；在功能区卡的"颜色"中，将"计数（Sheet1）"字段删除，如图 4.1 所示。

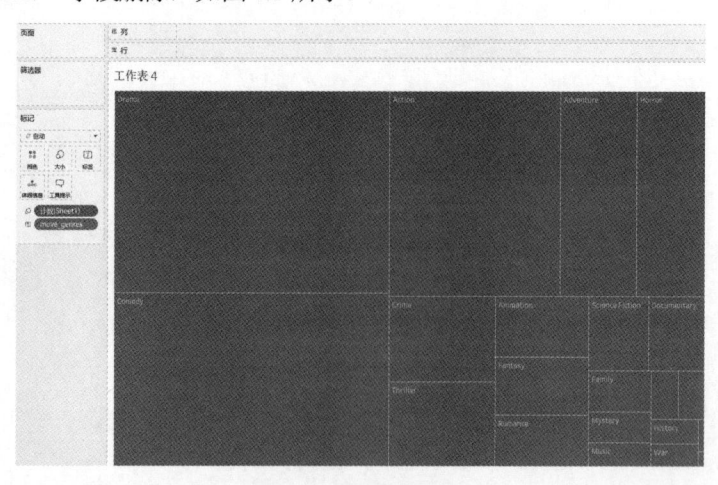

图 4.1 设置树状图

将维度中的"Revenue"字段拖放到功能卡区的"颜色"中。

由于源数据中电影数量多少不一，我们使用动态筛选器剔除树状图右下角的小数据。右击工作表右侧功能区，在出现的菜单中选择"筛选器"→"Sheet1 计数"选项即可筛选"Sheet1 计数"字段，如图4.2所示。

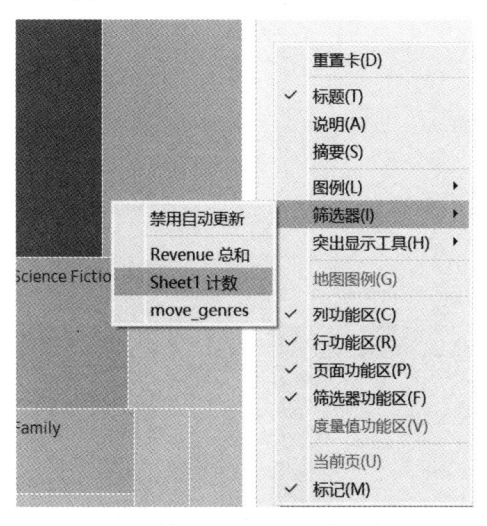

图4.2　筛选"Sheet1 计数"字段

在出现的"筛选器"选择卡中，在"计数（Sheet1）"数值框中输入最小值"24"，如图4.3所示。

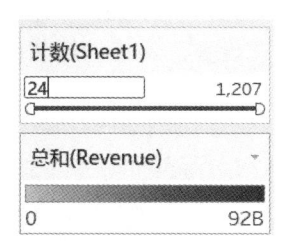

图4.3　剔除数量过少类型的数据

单击功能卡区的"颜色"，在出现的"颜色"选择卡中单击"编辑颜色"按钮，在出现的"编辑颜色[Revenue]"对话框中即可选择颜色区别较大的色块，如图4.4所示。

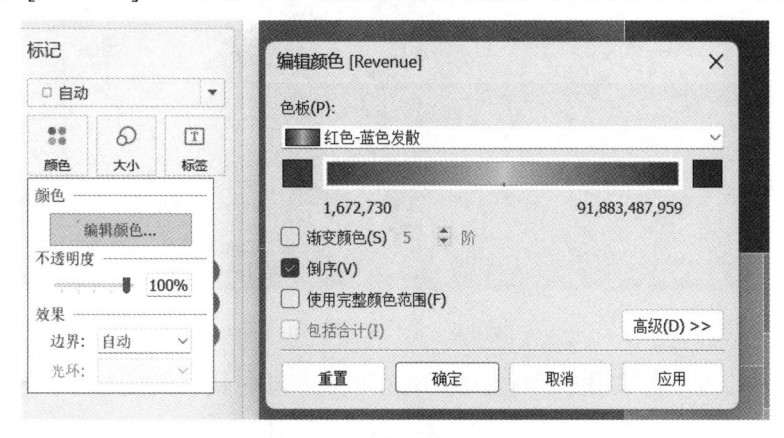

图4.4　编辑树状图颜色

将"Revenue"字段和"计数(Sheet1)"字段拖放到功能卡区的"标签"中。

单击功能区卡的"标签",在出现的"标签"选择卡的"文本"栏中可以改标签内容,如图 4.5 所示。

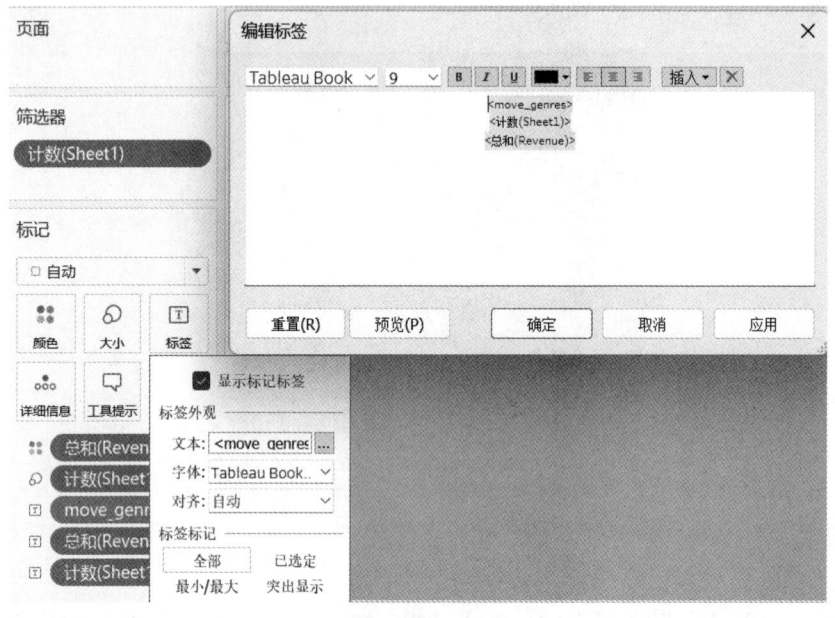

图 4.5　编辑文字显示内容

单击功能卡区"标签"中的"(总和)Revenue"字段,在出现的菜单中选择"设置格式"选项即可对该字段进行数字格式设置。最终的树状图如图 4.6 所示。

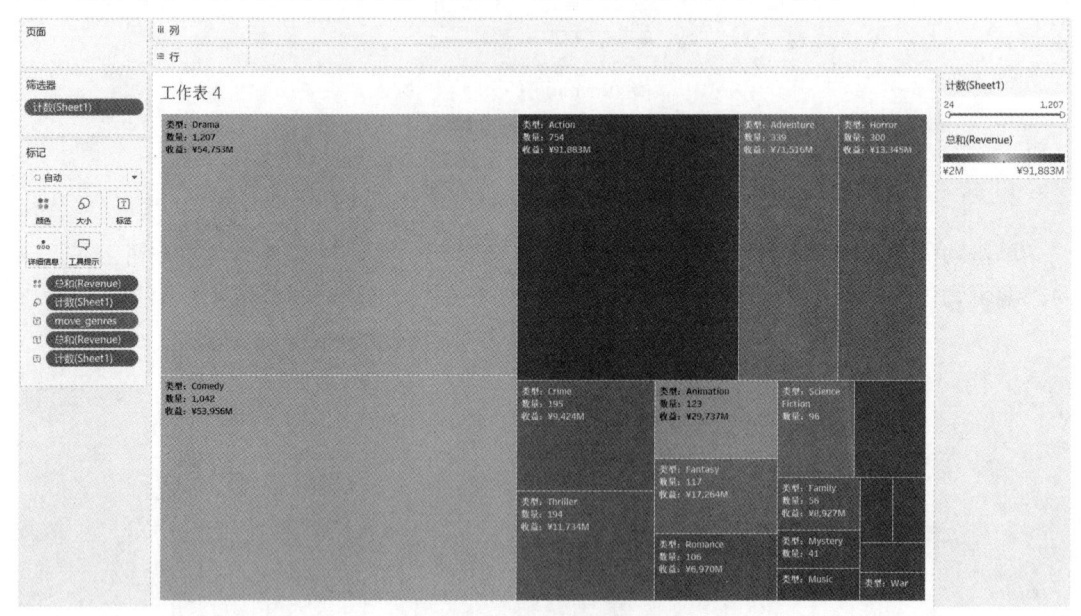

图 4.6　最终的树状图

在图 4.6 中,每个色块用颜色深度表示电影收益,即色块颜色越深表示电影收益越大;每个色块的大小表示电影数量,即色块越大表示电影数量越多。

4.2 气泡图

气泡图可用于展示 3 个变量之间的关系。在绘制气泡图时，将一个变量放在横轴，另一个变量放在纵轴，而第 3 个变量则用气泡的大小来表示。气泡图与散点图相似，不同之处在于气泡图允许在图表中额外加入一个表示大小的变量进行对比。

案例 1：利用"电影信息"表，绘制不同类型电影数量与收益气泡图。

首先，将"move_genres"字段拖放到行功能区中，"Sheet1（计数）"字段拖放到列功能区中；在工具栏右侧的"智能推荐"选择卡中选择"填充气泡图"选项。

然后，将"Revenue"字段拖放到功能卡区的"颜色"中，并编辑颜色。

最后，设置动态筛选器，将收益为 0 的电影剔除掉，如图 4.7 所示。

图 4.7 剔除收益为 0 的电影

最终的不同类型电影数量和收益气泡图如图 4.8 所示。

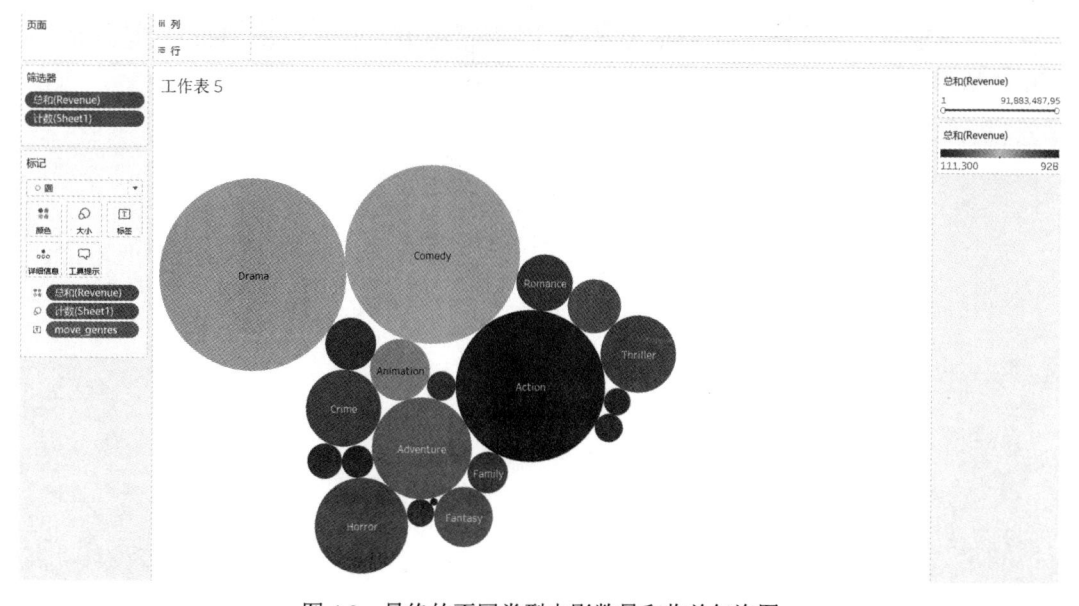

图 4.8 最终的不同类型电影数量和收益气泡图

案例 2：利用"电影信息"表，绘制戏剧文艺类等 3 种类型电影历年数量和收益动态气泡图。

一般动态气泡图是根据时间的变化而变化的。所以，在绘制动态气泡图时，应把表示时间的字段放置在页面功能区中。

首先，将"Release Date"字段拖放到页面功能区中，如图 4.9 所示。

图 4.9　设置动态控制指标

在工作表右侧出现动态筛选器，如图 4.10 所示。

图 4.10　动态筛选器

此时，会发现有空值的存在，我们需要排除空值。在页面功能区中，双击"Release Date"字段，在出现的"筛选器［Release Date 年］"对话框中，取消勾选"Null"复选框，如图 4.11 所示。

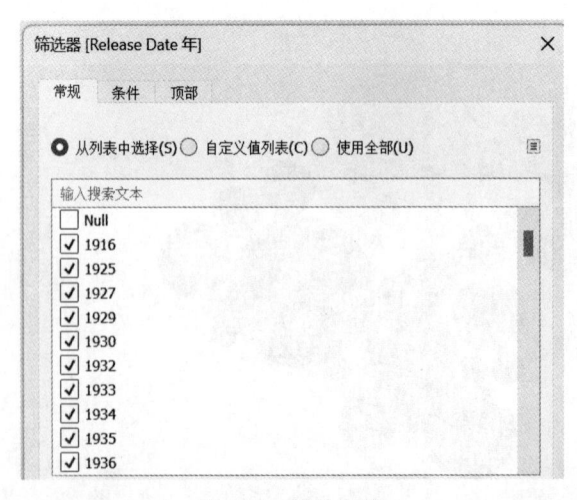

图 4.11　排除空值

然后，根据案例要求筛选出戏剧文艺类电影，即将"move_genres"字段拖放到筛选器功能区中，筛选出"Drama"。

接下来，将"Revenue"拖放到列功能区中，"Sheet1（计数）"拖放到行功能区中。当出现如图4.12所示的气泡图时，在工作表区的左下角出现一个小气泡表示当前年份（1916年）的电影数量和电影收益。

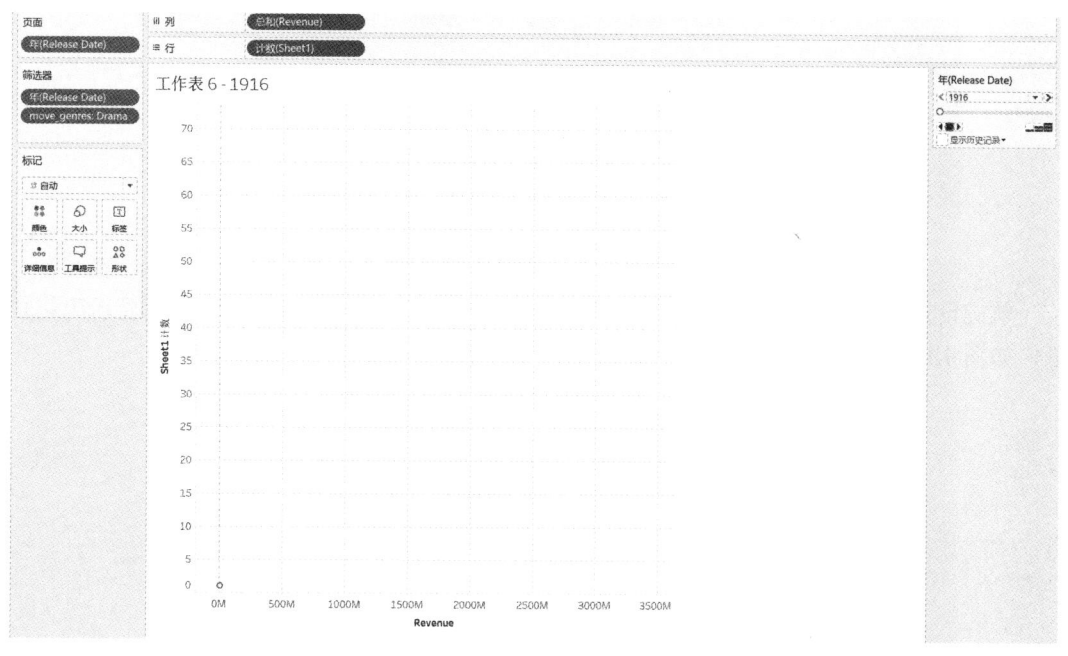

图4.12　当前年份（1916年）的电影数量和收益散点图

此时，单击右侧的"动态控制"选项卡中的"播放"按钮即可查看当前年份（1916年）的电影数量和收益的动态变化情况，并可以控制播放的速度。

在功能卡区的标记卡中，可以修改标记的大小和形状，如图4.13所示。

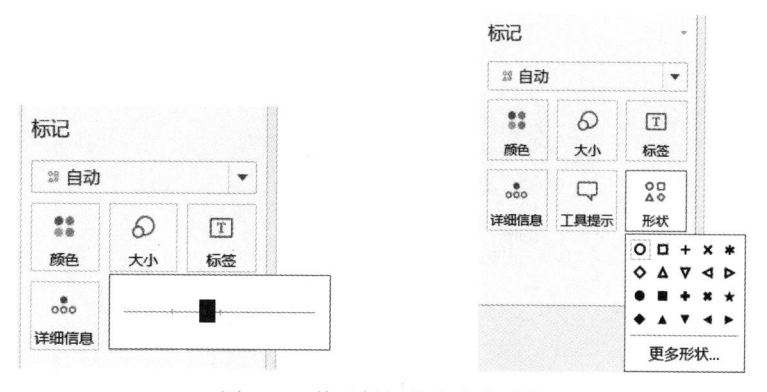

图4.13　修改标记的大小和形状

在"动态控制"选项卡中，选中"显示历史记录"选项，单击其右侧的按钮，在出现的如图4.14所示的选择卡中，可以对"轨迹"进行设置。

图 4.14　轨迹设置

轨迹设置完后，在单击"动态控制"选项卡的"播放"按钮即可在图形区显示历年轨迹，如图 4.15 所示。

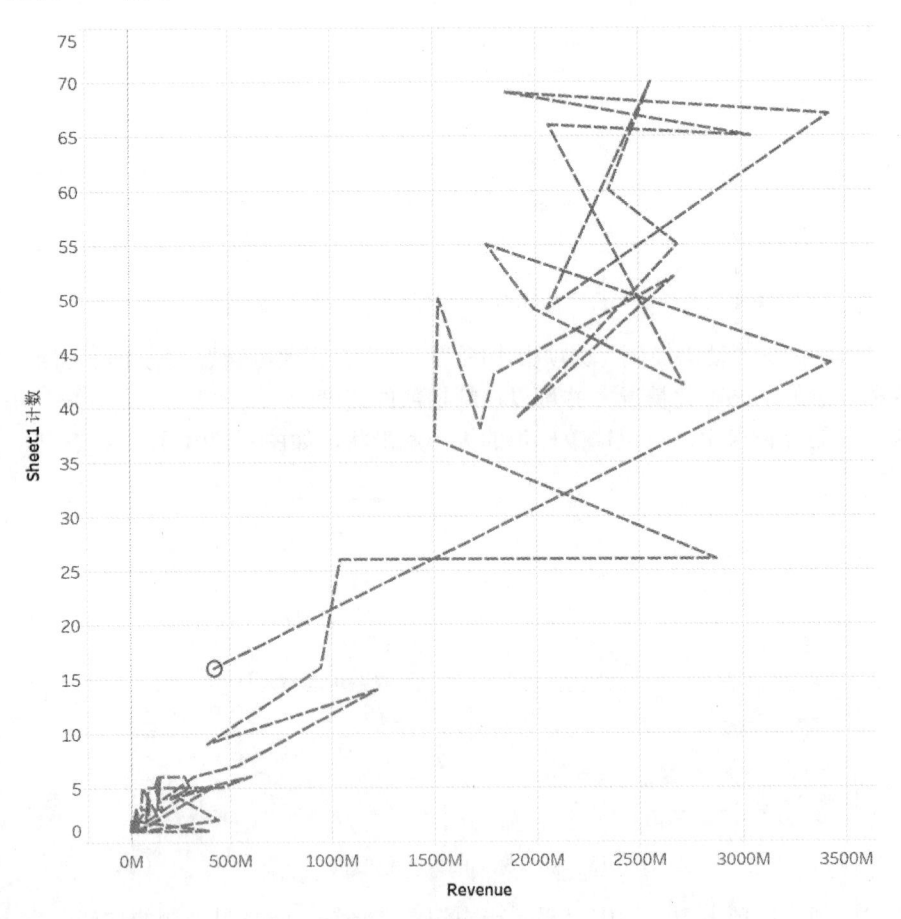

图 4.15　显示历年轨迹

还可以同时筛选出其他类型电影，比如动作电影和冒险电影，如图 4.16 所示。

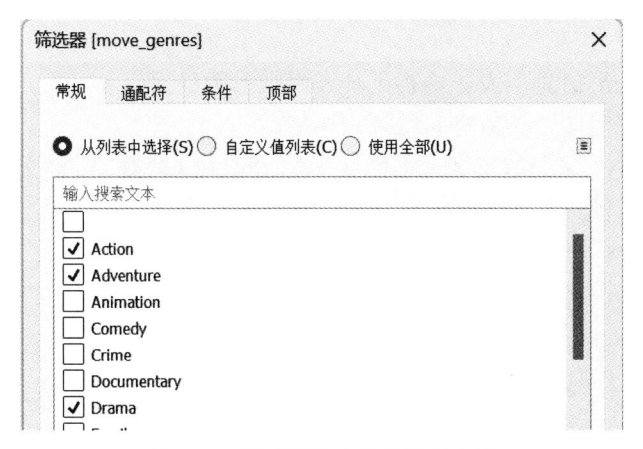

图 4.16　同时筛选出其他类型电影

将"move_genres"字段拖放到功能卡区的"颜色"中，通过右侧的"动态控制"选项卡设置历史轨迹样式为浅灰色虚线，并设置"显示历史记录"。

3 种类型电影历年数量和收益动态气泡图如图 4.17 所示。

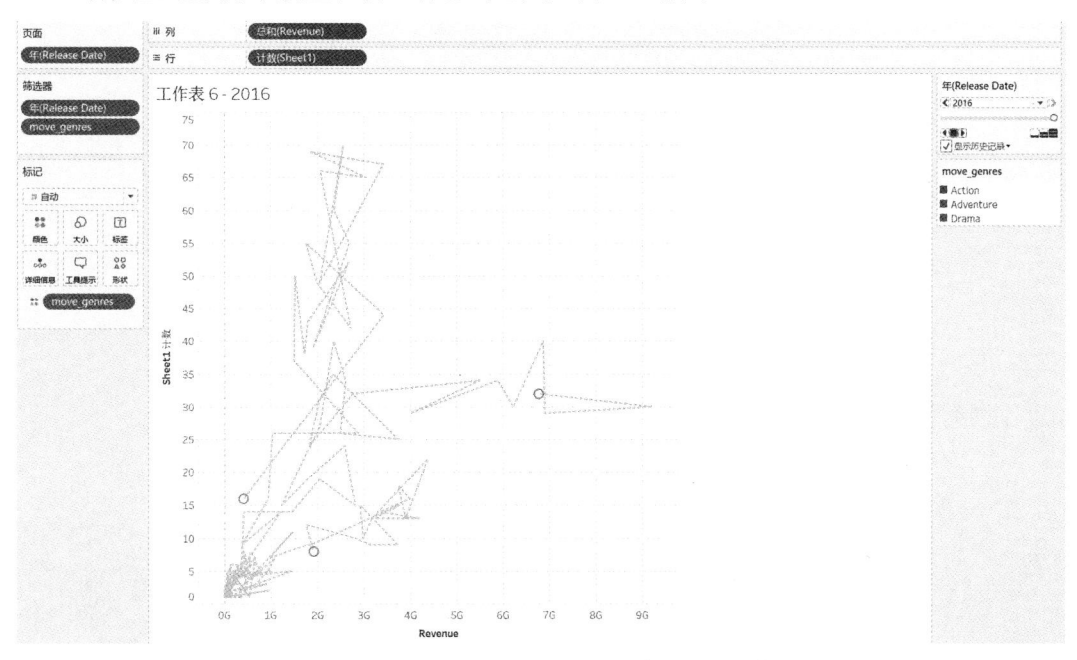

图 4.17　3 种类型电影历年数量和收益动态气泡图

4.3　词云

词云（Word Cloud）又称文字云，是由词汇组成类似云的彩色图形，用于展示大量文本数据。词云通常用于描述网站上的关键字元数据（标签）或可视化自由格式文本。词云能够快速感知最突出的文字，快速定位按字母顺序排列的文字中相对突出的部分。

词云的本质是点图，是以相应坐标点绘制具有特定样式的文字效果。当数据的区分度不大时，使用词云起不到突出的效果。另外，如果数据源中的数据量太少，也很难布局出好看的词云。

案例：利用"电影信息"表，绘制不同类型电影数量词云。

首先需要绘制气泡图，然后将其转换为词云。

将"move_genres"字段放置在行功能区中，"Sheet1（计数）"字段放置在列功能区中；在工具栏右侧的"智能推荐"选择卡中选择"气泡图"选项。

将"move_genres"字段拖放到功能卡区的"颜色"中。在"标记"卡的下拉列表中选择"文本"选项，如图4.18所示。

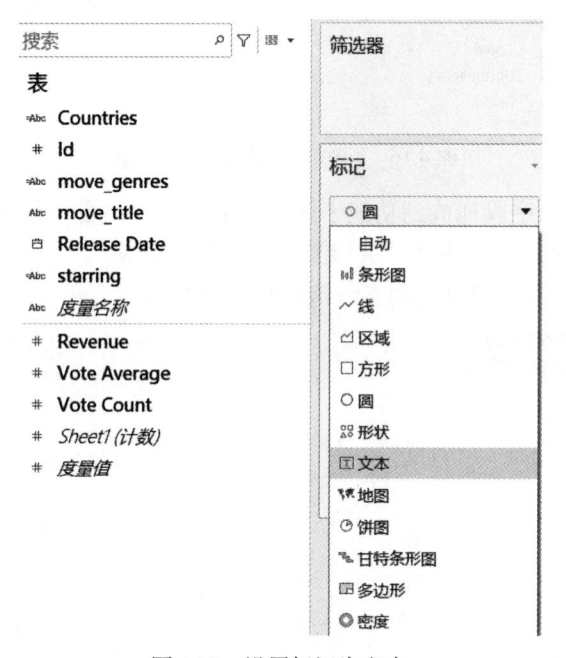

图4.18 设置标记为文本

不同类型电影数量词云如图4.19所示。

图4.19 不同类型电影数量词云

练习案例

(1) 利用"某超市销售数据"表,完成以下任务。

① 绘制超市各门店利润额的树状图。

要求:添加利润额标签,颜色为红色-绿色发散,其中红色表示大值,绿色表示小值;将该树状图的分析结果作为说明添加到该树状图中,并导出该树状图。

② 绘制酒类商品利润额的词云。

要求:各种商品名称的颜色区分明显;将该词云的分析结果作为说明添加到该词云中,并导出该词云。

③ 绘制不同门店销售额和利润额的动态气泡图。

要求:按月显示轨迹。

(2) 利用"电影数据.xlsx",完成以下任务。

① 绘制电影产地与评分平均值的树状图。

要求:颜色选择红色-绿色发散,显示出评分平均值的标签,通过动态筛选器剔除电影数量少于200的数据,将该树状图的分析结果作为说明添加到该树状图中,并导出图像。

② 绘制不同类型电影数量的气泡图。

要求:以不同颜色表示不同的电影类型,以电影数量表示气泡大小,将该气泡图的分析结果作为说明添加到该气泡图中,并导出图像。

第 5 章

Tableau 高级操作

本章知识点：

✓ 掌握表计算
✓ 熟练创建计算字段和参数
✓ 掌握聚合计算

5.1 表计算

表计算即对多行数据进行运算。创建表计算后，会在"标记"卡、行功能区、列功能区的计算字段右侧出现正三角形符号，如图 5.1 所示。

图 5.1 表计算符号

表计算有添加表计算和快速表计算两种方式。
案例：导入"某超市销售数据"表，显示每月各门店的利润额。
创建一个计算字段"利润2"，让它的值就等于"利润"，如图 5.2 所示。
单击需要创建的计算字段，在出现的菜单中选择"添加表计算"选项，如图 5.3 所示。

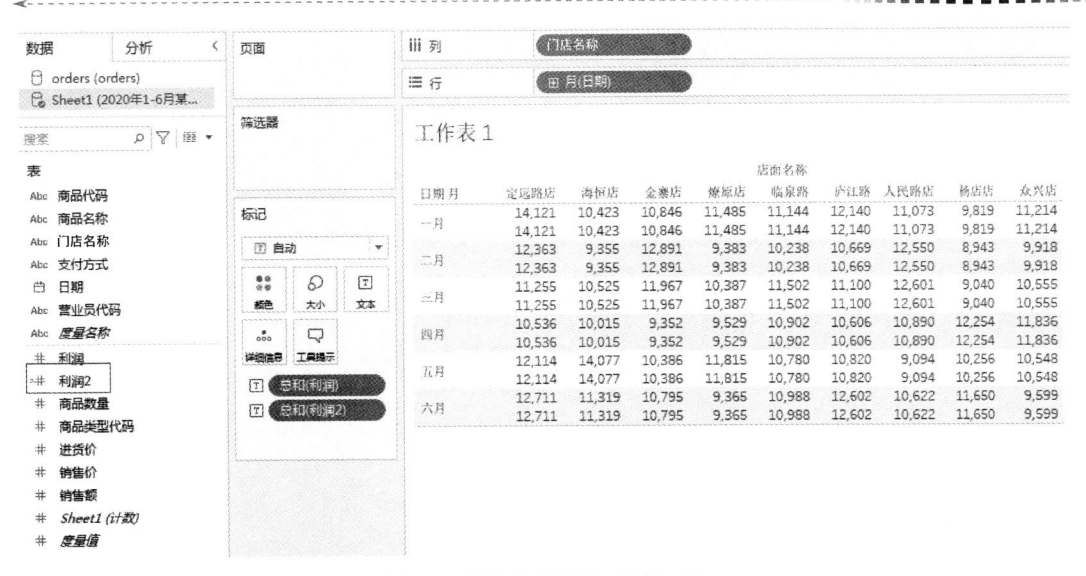

图 5.2 创建计算字段"利润 2"

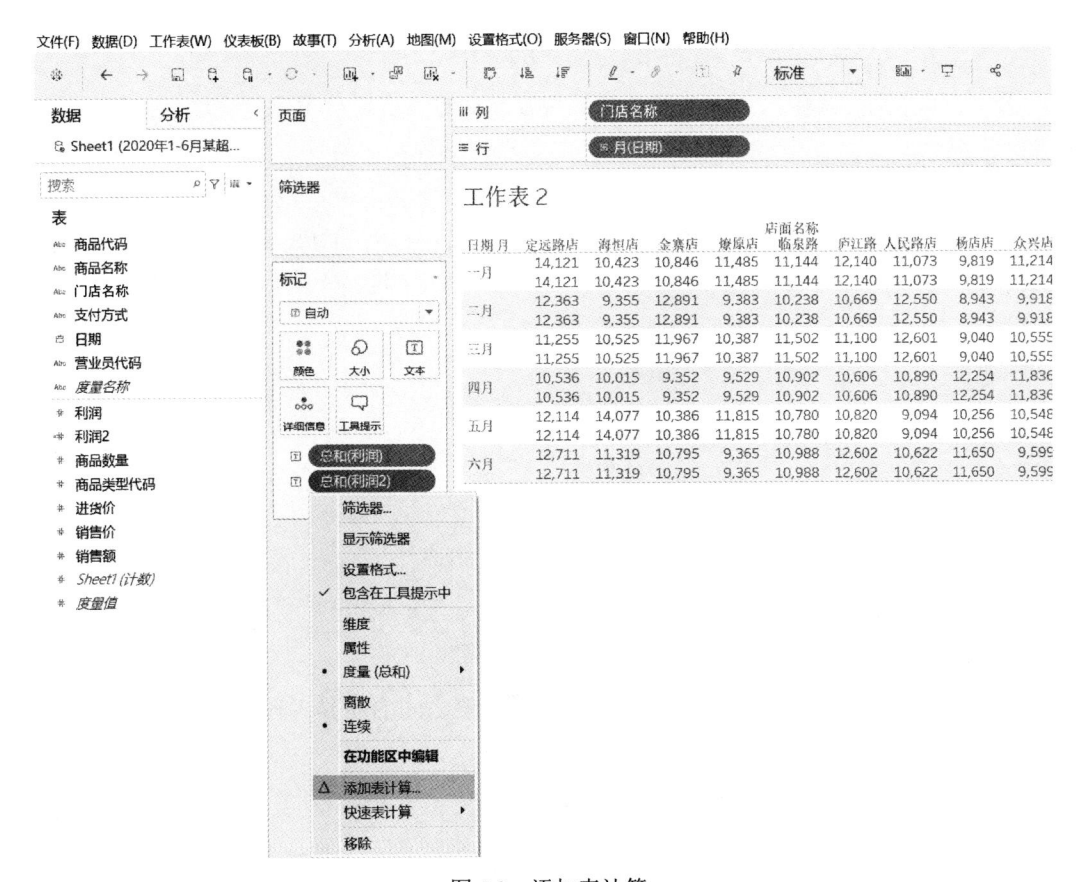

图 5.3 添加表计算

在图 5.3 中，还可以看到"快速表计算"选项。在 Tableau 中，将常用的表计算类型封装成了"快速表计算"模块。利用"快速表计算"模块可以按照默认方式及对应的计算规则实现快速计算。

创建表计算主要体现为计算类型、计算依据等，如图 5.4 所示。

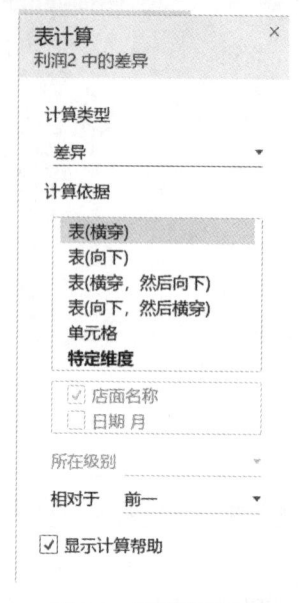

图 5.4　表计算界面

我们可以在图 5.4 中，选择相应的计算规则、计算方式、计算顺序来实现计算目标。

5.1.1　计算类型

计算类型包括常用的差异、合计百分比、排序、百分位、汇总、移动计算等，如图 5.5 所示。

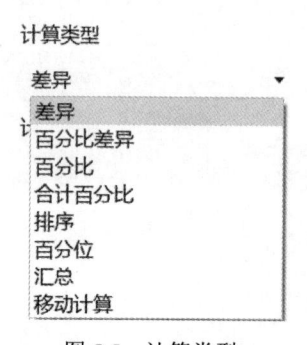

图 5.5　计算类型

（1）差异：是指表计算界面中当前值与另一个值之间的差异。在差异计算里，我们要关注两个值——当前值和计算差异应依据的值。

（2）合计百分比：计算当前值占分区中所有值的百分比。

（3）排序：计算分区中每个值的排名。

（4）百分位：在分区中计算每个值的百分位排名。

（5）汇总：即累加，在分区中以合并方式聚合值，不仅包括求和，而且包括平均值等。

（6）移动计算：对当前值之前或之后指定数目的值执行聚合（总计值、平均值、最小值或最大值）来确定视图中的标记值。

5.1.2 计算依据

计算依据是指进行计算的规则，如图 5.6 所示。

（1）表（横穿）：沿着水平方向进行计算。

（2）表（向下）：沿着纵向方向向下进行计算。

（3）表（横穿，然后向下）：先沿着水平方向进行计算，到边后再跳转到下一行，继续沿着水平方向进行计算。

（4）表（向下，然后横穿）：先沿着纵向方向向下进行计算，到底后再跳转到下一列，继续沿着纵向方向向下进行计算，以此类推，遍历完所有列。

（5）单元格：在单元格内进行计算。

（6）特定维度：通过特定维度使行和列交换后，计算结果不会受到影响。

图 5.6 计算依据

案例：导入"orders.xlsx"，并统计出各地区季度销售额，如图 5.7 所示。

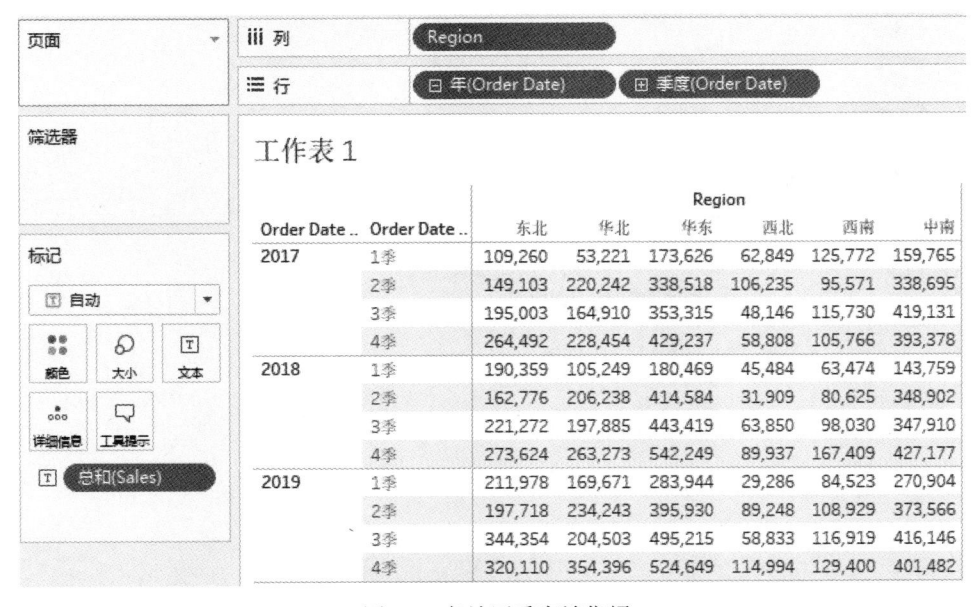

Order Date..	Order Date..	东北	华北	华东	西北	西南	中南
2017	1季	109,260	53,221	173,626	62,849	125,772	159,765
	2季	149,103	220,242	338,518	106,235	95,571	338,695
	3季	195,003	164,910	353,315	48,146	115,730	419,131
	4季	264,492	228,454	429,237	58,808	105,766	393,378
2018	1季	190,359	105,249	180,469	45,484	63,474	143,759
	2季	162,776	206,238	414,584	31,909	80,625	348,902
	3季	221,272	197,885	443,419	63,850	98,030	347,910
	4季	273,624	263,273	542,249	89,937	167,409	427,177
2019	1季	211,978	169,671	283,944	29,286	84,523	270,904
	2季	197,718	234,243	395,930	89,248	108,929	373,566
	3季	344,354	204,503	495,215	58,833	116,919	416,146
	4季	320,110	354,396	524,649	114,994	129,400	401,482

图 5.7 各地区季度销售额

根据图 5.7 中显示的结果，按照下面的要求分别进行计算。

（1）求销售额季度同比增长率。

（2）求销售额季度环比增长率。

（3）求各地区季度销售额占季度销售总额的百分比。

（4）求各地区季度销售额占全年总销售额的百分比。

分析：在（1）、（2）中，计算类型都选择"百分比差异"；（1）的计算依据要选择"特定维度"中的"与每一个年度匹配"下的"Order Date 年"，而（2）的计算依据只要选择"表（向下）"即可。

在（3）、（4）中，计算类型都选择"合计百分比"。（3）的计算依据要选择"特定维度"中的"Region"；（4）的计算依据要选择"特定维度"中的"Region"和"Order Date 个季度"。

5.2 创建计算字段和参数

5.2.1 创建计算字段

可以按照数据分析的需要，根据原始表中的字段创建数据分析所需的计算字段。

创建计算字段的方法：在"数据"选项卡中，选择对应的字段"利润"→"创建"→"计算字段"选项，如图 5.8 所示；也可以在"菜单栏"中，选择"分析"→"创建计算字段"选项；或者在"数据"选项卡中，单击右上方的小三角图标，在出现的菜单中选择"创建计算字段"选项。

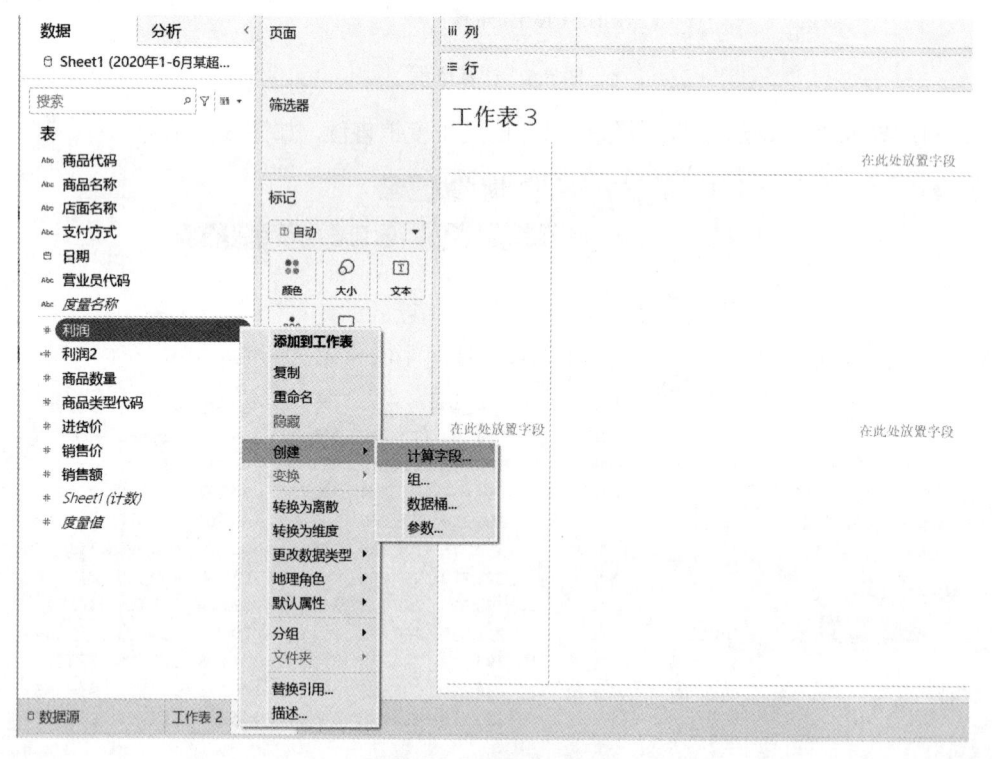

图 5.8 创建计算字段

案例：导入"某超市销售数据"表，创建"每件商品利润"字段。

操作步骤：将"销售价"和"进货价"字段拖放到编辑器中；将"销售价"与"进货价"之差生成的新字段命名为"每件商品利润"，如图5.9所示。

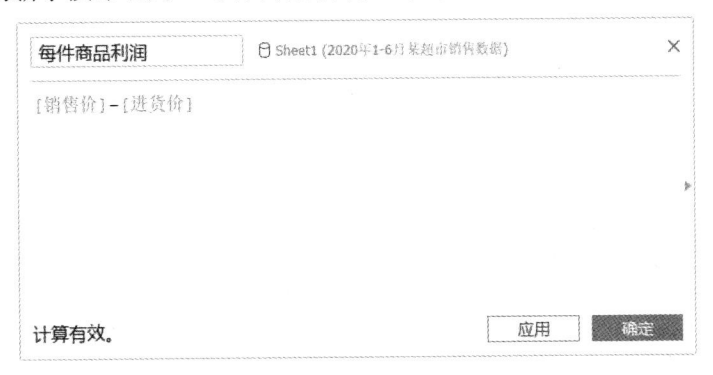

图5.9 创建"每件商品利润"字段

单击图5.9右边框中间的一个小三角图标，会出现扩展公式界面。在扩展公式界面中，有可以使用的函数列表（可以选择需要的函数来进行相关计算），还有关于每个函数的介绍及使用案例，如图5.10所示。

图5.10 扩展公式界面

此外，在处理比较复杂的公式时，编辑器可能会显示"计算公式错误"。在Tableau中，允许保存无效的计算字段；在"数据"选项卡中，无效的计算字段后边会出现一个红色感叹号，在更正无效的计算字段之前，该无效的计算字段将无法被拖放到视图中，如图5.11所示。此时，我们需要更改错误的公式或表达式。

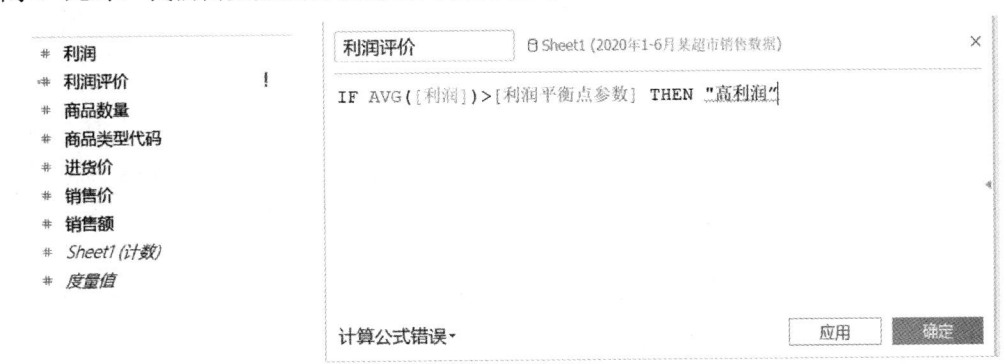

图5.11 出现无效的计算字段

5.2.2 创建参数

在解决实际问题时，有时由于缺少参考值或参考标准无法直接创建计算字段。此时，需要通过创建参数补充参考值或参考标准。

首先，在"数据"选项卡中，单击右上方的小三角图标，在出现的菜单中选择"创建参数"选项，如图 5.12 所示。

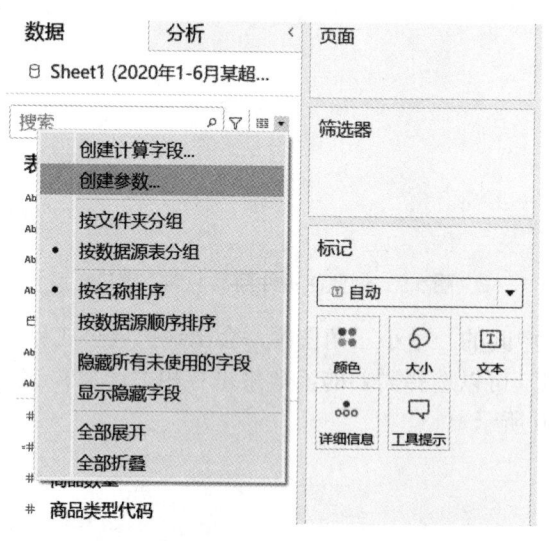

图 5.12 创建参数

然后，在出现的"创建参数"对话框中，为新参数输入名称"商品类型"，如图 5.13 所示；还可以单击右上方的"注释"按钮，在出现的文本框中编写注释以描述新参数。

图 5.13 创建"商品类型"参数

在"创建参数"对话框中，可以根据需求，设置新参数的"数据类型""当前值""显示格式"等；将参数的"数据类型"改为"整数"，保留默认的"当前值"，如图 5.14 所示。

在"创建参数"对话框中，可以设置以下 3 种参数的"允许的值"。

（1）全部：表示参数是字段中的简单类型。

（2）列表：表示可供选择的参数可能值的列表。

（3）范围：表示参数值的选择范围。

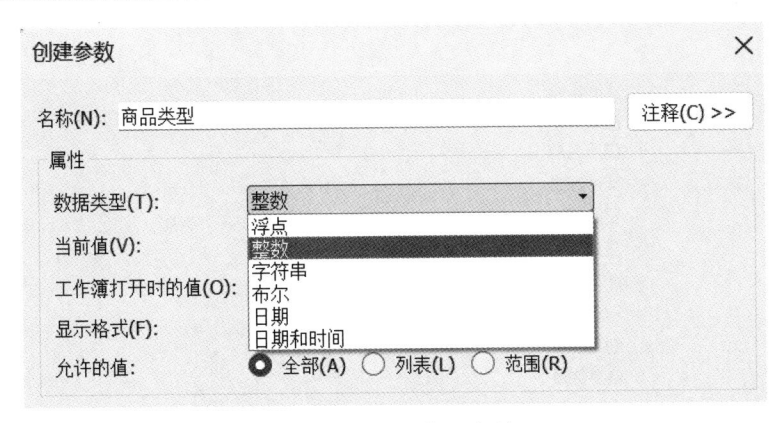

图 5.14 修改数据类型

在图 5.14 中，将参数"允许的值"改为"列表"，如图 5.15 所示。这时，就必须指定"值列表"，即单击"值列表"的左列，输入相应的值，每个值还可拥有显示别名。

图 5.15 值列表设置

创建成功的参数会显示在工作表的数据区底部，并且可以作为全局参数，让任何工作表使用。

在"数据"选择卡中，右击新参数"商品类型"，在出现的菜单中选择"编辑"选项即可对该参数进行编辑，如图 5.16 所示。

图 5.16 编辑参数

在图 5.16 中，如果选择"显示参数"选项（如图 5.17 所示），则在工作表的右侧出现一个参数控件，如图 5.18 所示。

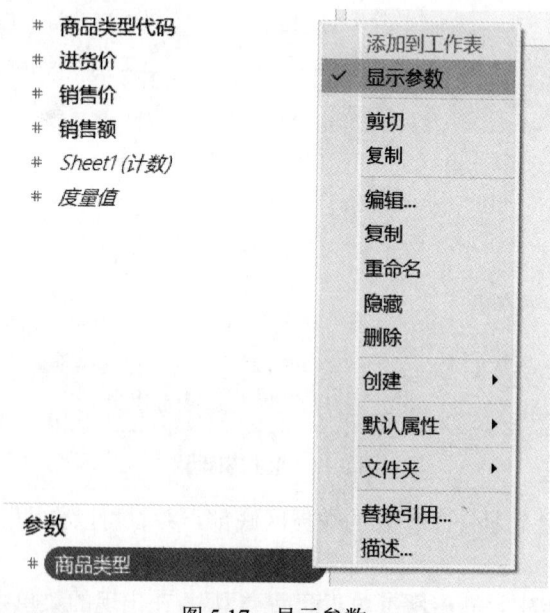

图 5.17 显示参数

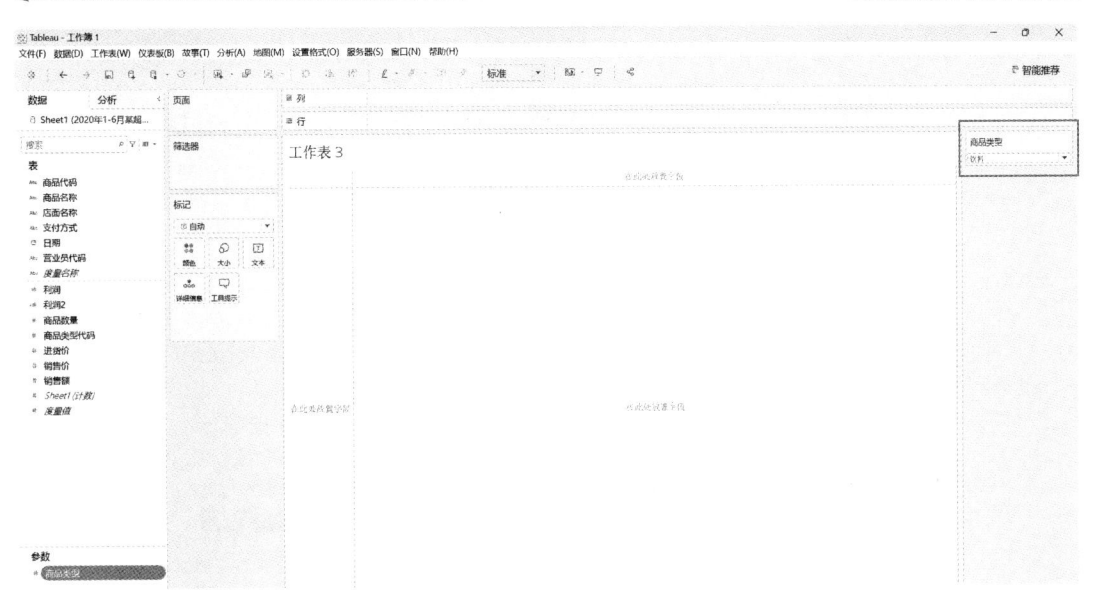

图5.18 参数控件

可以利用参数控件改变参数内容，即单击参数控件右上角的下拉箭头，在打开的下拉列表中选择对应的参数内容，如图5.19所示。

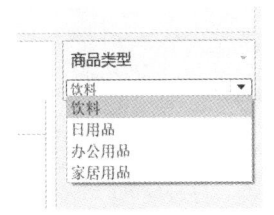

图5.19 利用参数控件改变参数内容

案例：导入"某超市销售数据"表，创建"利润平衡点"参数。

利用"利润平衡点"参数创建"利润评价"计算字段。通过"利润评价"计算字段，将低于"利润平衡点"的商品评价为"低利润"，高于"利润平衡点"的商品评价为"高利润"。

操作步骤：

（1）创建一个参数，输入该参数名称为"利润平衡点"，设置该参数的数据类型为"整型"，当前值为"50"，其余默认设置不变，如图5.20所示。

图5.20 创建"利润平衡点"参数

（2）创建计算字段"利润评价"，需要用到 if 函数，如图 5.21 所示。

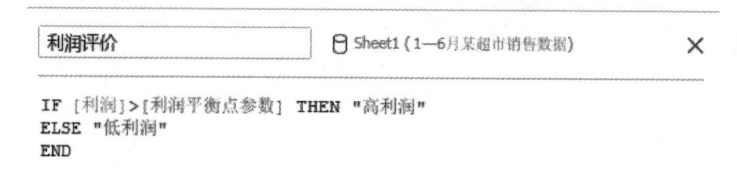

图 5.21 创建计算字段"利润评价"

注意：在输入公式时，应该在英文输入法下输入所有标点符号。

（3）统计每种商品的利润。

注意：需要将"利润"字段的度量设置为"平均值"，如图 5.22 所示。

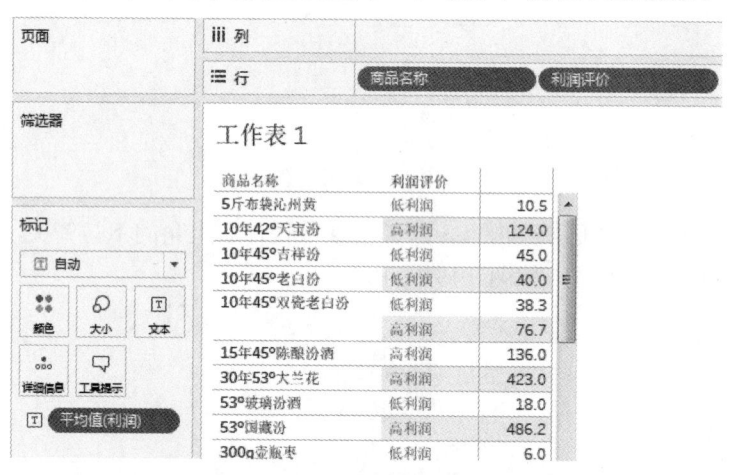

图 5.22 每种商品的利润评价表

仔细观察图 5.22，可以发现工作表 1（利润评价表）中出现了"10 年 45°双瓷老白汾"这个商品存在既是"高利润"又是"低利润"两个利润评价。这显然不合理，那么该如何修改？

我们在创建计算字段"利润评价"时，可以将"利润"字段进行聚合处理，如图 5.23 所示。

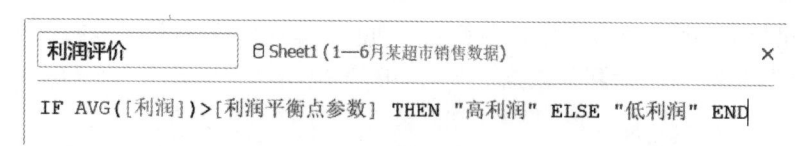

图 5.23 创建新的"利润评价"计算字段

此时，再观察利润评价表，则会发现每种商品对应一个利润评价，符合我们对商品评价的要求。

5.3 聚合函数

在 Tableau 中，可以通过很多预定义聚合函数进行聚合计算，如求和、最大、最小、方差等。此外，还可以通过用户自定义聚合函数进行聚合计算。

案例：统计分析数据源中六月份每种产品的利润率。

通过编辑器创建一个名为"利润率"的计算字段。利润率等于利润除以销售额，即利润率=SUM(利润)/SUM(销售额)，如图5.24所示。

图5.24 创建"利润率"计算字段

当将"利润率"计算字段放置在功能区时，它的名称自动被更改为"聚合（利润率）"，表示聚合计算。将"日期"拖放到筛选器中，在出现的"筛选器字段［日期］"对话框的"日期范围"选区中选择"月"选项，如图5.25所示。

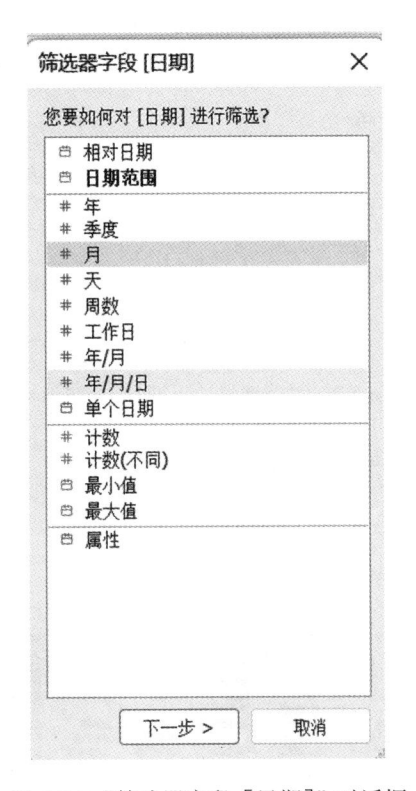

图5.25 "筛选器字段［日期］"对话框

然后，单击"下一步"按钮，在出现的"筛选器［日期月］"对话框的"常规"选项卡中，单击"从列表中选择"单选项，并勾选"六月"复选框，如图5.26所示。

最后，将"门店名称"和"利润率"拖放到列功能区，"商品名称"拖放到行功能区。每种商品在各门店的利润率条形图如图5.27所示。

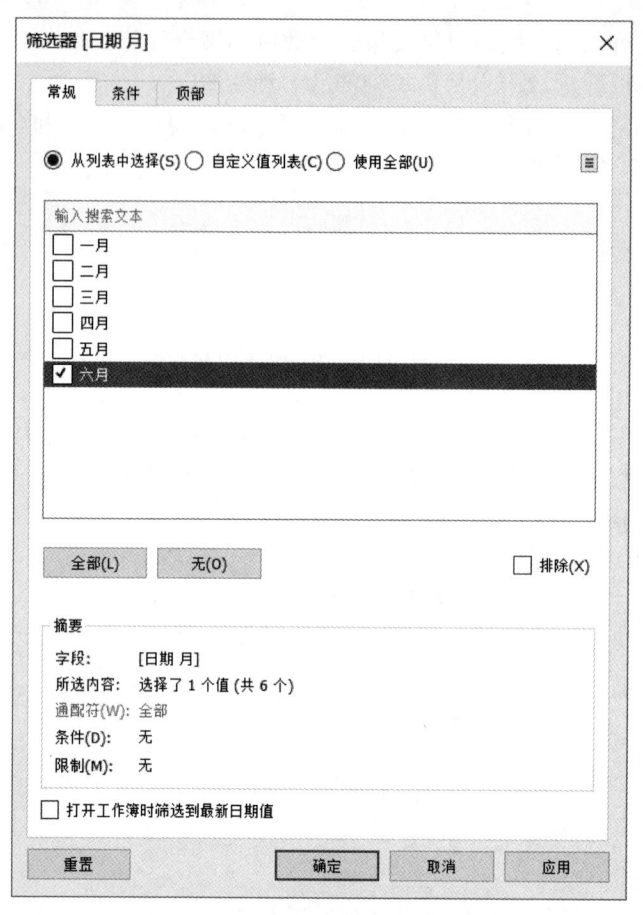

图5.26 "筛选器[日期月]"对话框

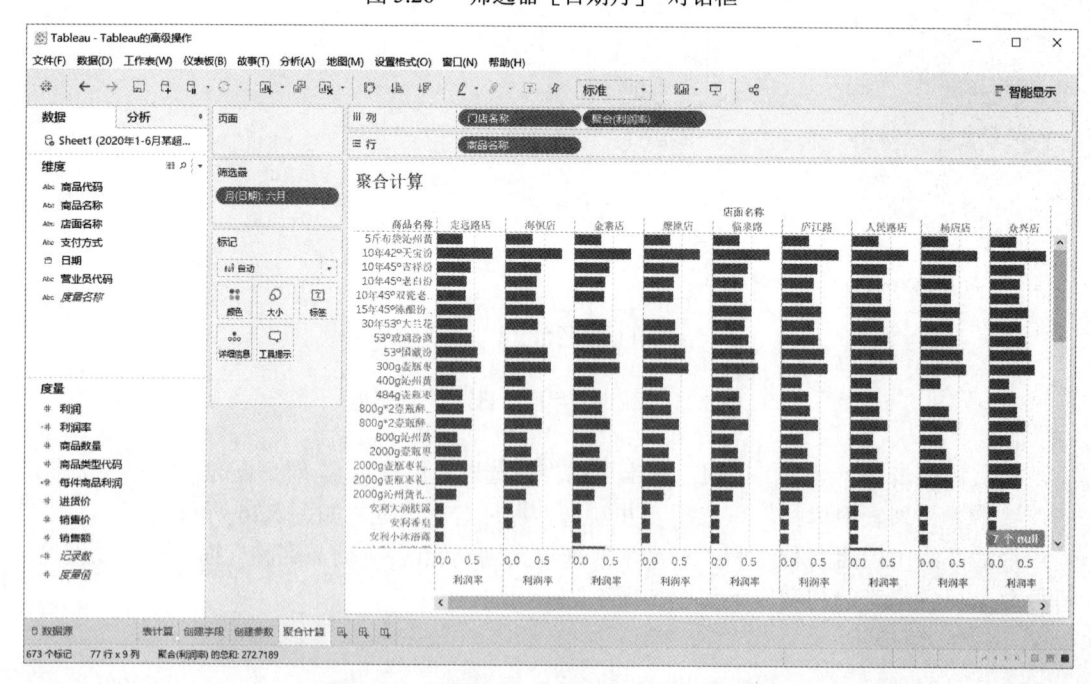

图5.27 每种商品在各门店的利润率条形图

练习案例

(1) 利用"某超市销售数据"表,完成以下任务。

使用表计算统计各门店每月利润额的增加值。

提示:需要添加"快速表计算"模块,且计算类型为"差异"。

(2) 利用"商品订单"表(orders.xlsx),完成以下任务。

① 创建"延迟到货天数"字段。

提示:延迟到货天数等于实际到货天数(landed_days)减去计划到货天数(planned_days)。

② 统计各省商品销售额的中位数。

③ 统计各类型商品每月利润率。

第 6 章

标靶图、甘特图和瀑布图

本章知识点：
- ✓ 掌握标靶图的绘制
- ✓ 掌握甘特图的绘制
- ✓ 掌握瀑布图的绘制

6.1 标靶图

标靶图实际上就是一种特殊形式的条形图，只不过是在条形图的基础上添加了参考线和参考区间，从而帮助使用者直观地了解两个度量之间的关系。标靶图经常用于比较计划值和实际值。

案例：导入"2014年各地区售电量"表，用标靶图显示二月份各地区电量销售额完成情况。

根据要求，通过筛选器筛选出"二月"，将"省（市）"字段放置在行功能区，"当期值"字段放置在列功能区。一般把标靶图设置为横向条形图，如图 6.1 所示。

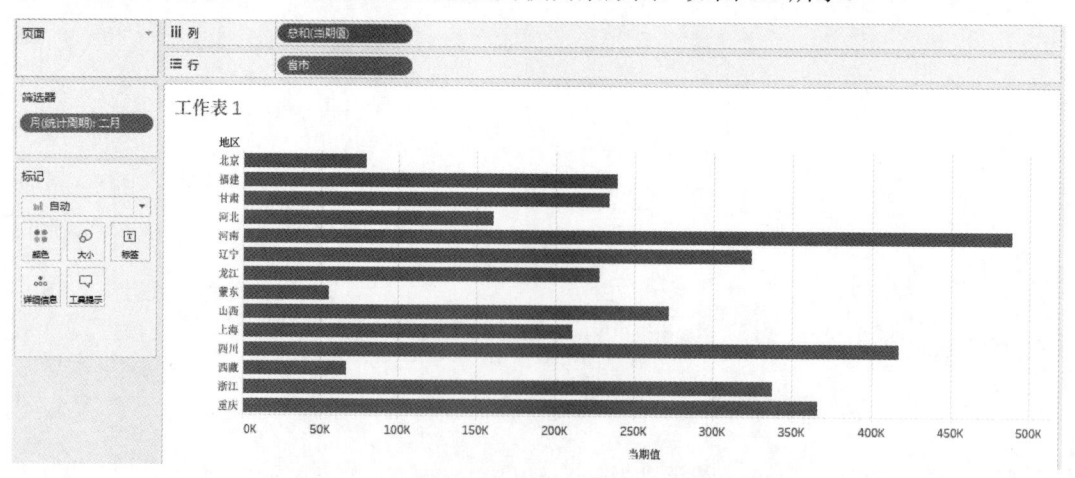

图 6.1 二月份地区电量销售额完成情况标靶图

右击横轴，在出现的菜单中单击"添加参考线"选项，出现如图 6.2 所示的对话框。在该对话框中，可以选择需要添加的指标类型，比如"线"、"区间"或"分布"等。

在"添加参考线、参考区间或框"对话框的"范围"区中有以下 3 个单选项。

（1）"整个表"：是指在整个图表的范围内添加线、区间或分布。

（2）"每区"：与行功能区中的字段有关。如果行功能区中只有一个字段，"整个表"和"每区"是同一个概念。

（3）"每单元格"：是指每个柱形条。

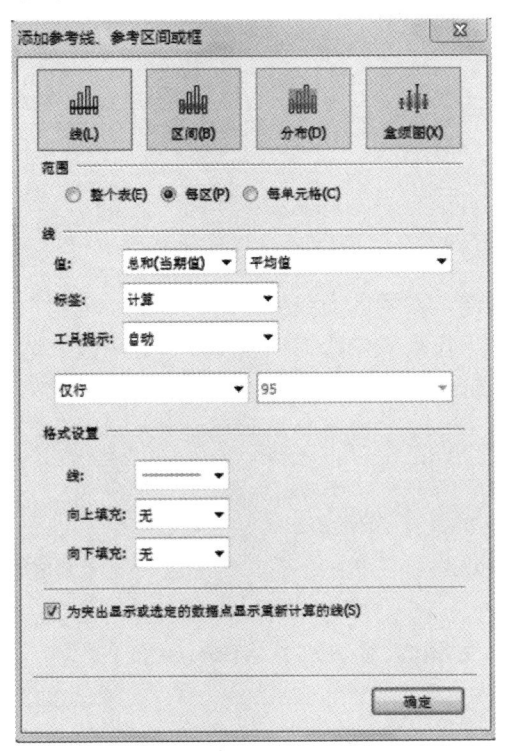

图 6.2 "添加参考线、参考区间或框"对话框

将维度区域中的"月度计划值"字段拖放到"标记"卡的"详细信息"里，如图 6.3 所示。

图 6.3 添加"月度计划值"字段到"详细信息"里

如果要编辑已经添加的参考线，则可以单击该参考线，在出现的菜单中选择"编辑"选项，如图6.4所示。

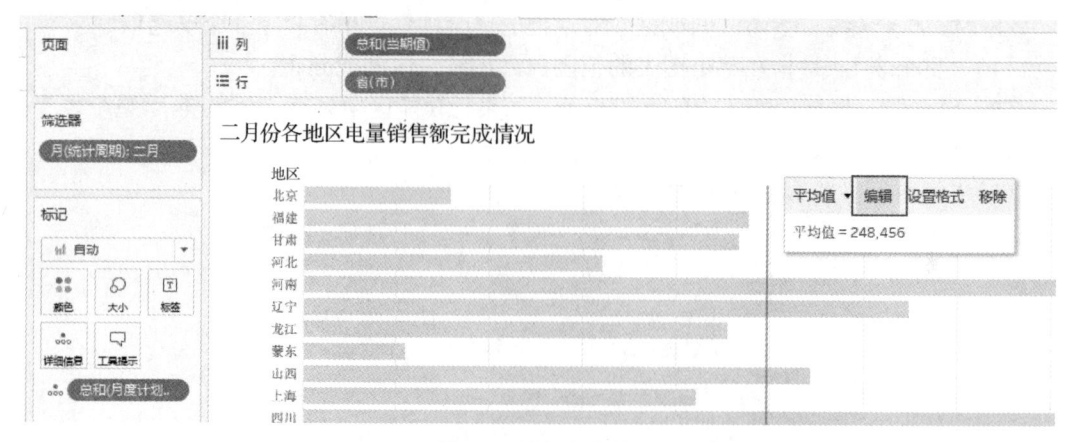

图6.4　编辑参考线

在出现的"编辑参考线、参考区间或框"对话框的"范围"区里单击"单元格"单选项，在"线"区的"值"下拉列表中选择"总和月度计划值"选项，在"格式设置"区里可以设置线型等，如图6.5所示。

图6.5　设置参考线的相关属性

添加"月度计划值"字段后的二月份各地区电量销售额完成情况标靶图如图6.6所示。

由图6.6可见，福建、黑龙江、蒙东、山西、西藏、重庆6个省（市）电量销售额完成情况较好，都超额完成了"月度计划值"。其他省（市）电量销售额完成情况并不好，没有完成"月度计划值"。

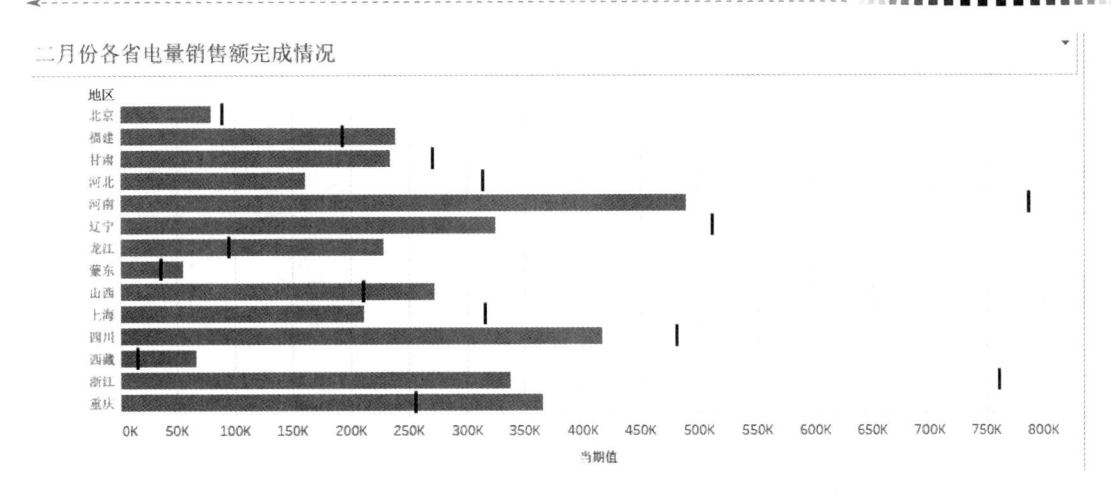

图 6.6　添加"月度计划值"字段后的二月份各地区电量销售额完成情况标靶图

还可以在图 6.6 中添加参考分布：右击横轴，在出现的菜单中单击"添加参考线"选项，在出现的"添加参考线、参考区间或框"对话框中单击"分布"选项，在出现的小窗口中单击"百分比"单选项并相应输入"50，100"，如图 6.7 所示。

图 6.7　添加参考分布

最终的二月份各省（市）电量销售额完成情况标靶图如图 6.8 所示。

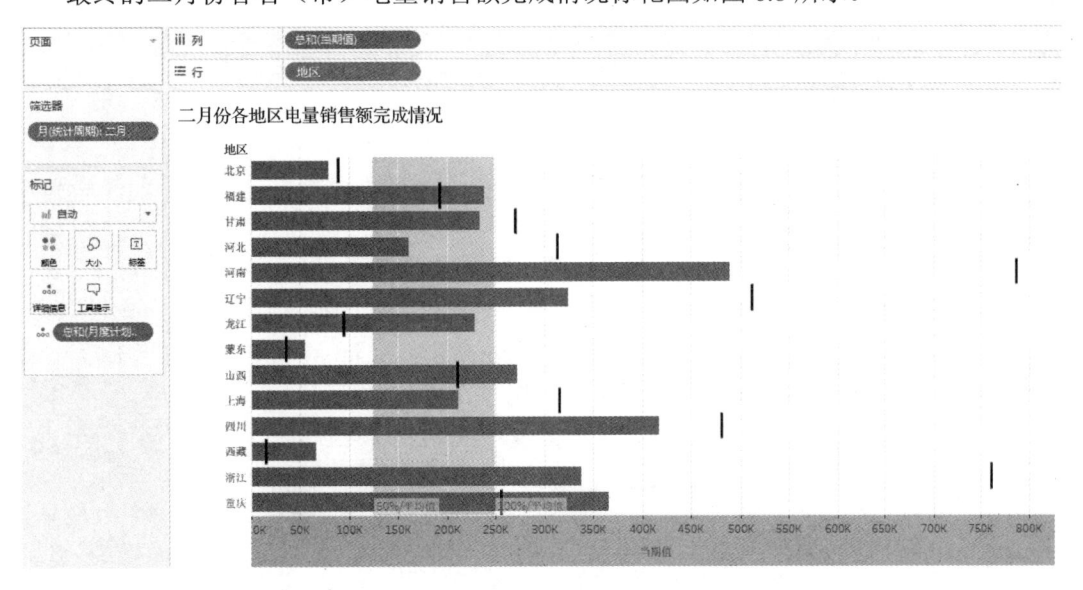

图 6.8　最终的二月份各地区电量销售额完成情况标靶图

在图 6.8 中，可以添加"（总和）当期值"的平均值线来辅助说明，也可以对"区间"的格式进行设置。

请从图 6.8 中分析以下几个问题。
- 哪些地区电量销售额虽然没有达标，但却达到了当期所有地区平均电量销售额？
- 哪些地区电量销售额没有达标，也没达到当期所有地区平均电量销售额的 50%？
- 哪些地区电量销售额虽然达标了，但是没达到当期所有地区平均电量销售额的 50%？

6.2　甘特图

甘特图又称横道图、条状图，是通过条状图显示项目随着时间进展的情况。

甘特图的本质是一条线条图，其中横轴表示时间，纵轴表示项目，线条表示在整个期间项目计划和实际完成情况。

甘特图可以直观地表明项目计划在什么时候进行，并与项目实际进展情况进行对比。管理者由此可便利地弄清项目还剩下哪些工作要做，并可评估项目工作进度。

案例 1：利用"物资采购情况"表，绘制供应商交货延迟情况甘特图。

首先，把"计划交货日期"字段拖放到列功能区中，将"供应商名称"和"物资类别"字段拖放到行功能区中。

注意：需要将"计划交货日期"字段的度量设置为"天"，即将日期作为度量值处理。这里需要分清楚日期的两种类型：作为度量值的日期可以用来做比较和计算；作为维度的日期一般只是一个分类字段，如图 6.9 所示。

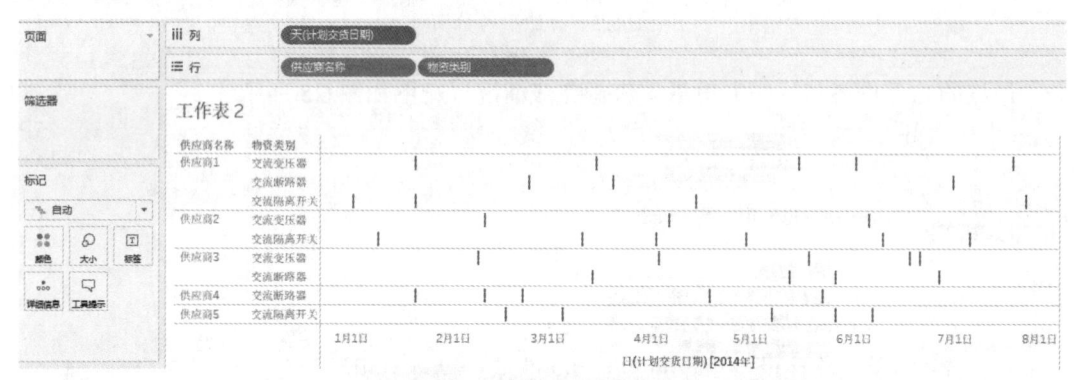

图 6.9　各供应商各物资计划交货时间甘特图

然后，需要创建计算字段，用来表示交货延迟天数。该计算字段名为"延迟天数"，计算依据为"实际交货日期"减去"计划交货日期"，如图 6.10 所示。

图 6.10　创建"延迟天数"计算字段

把新创建的"延迟天数"计算字段拖放到功能卡区的"大小"中,如图 6.11 所示。

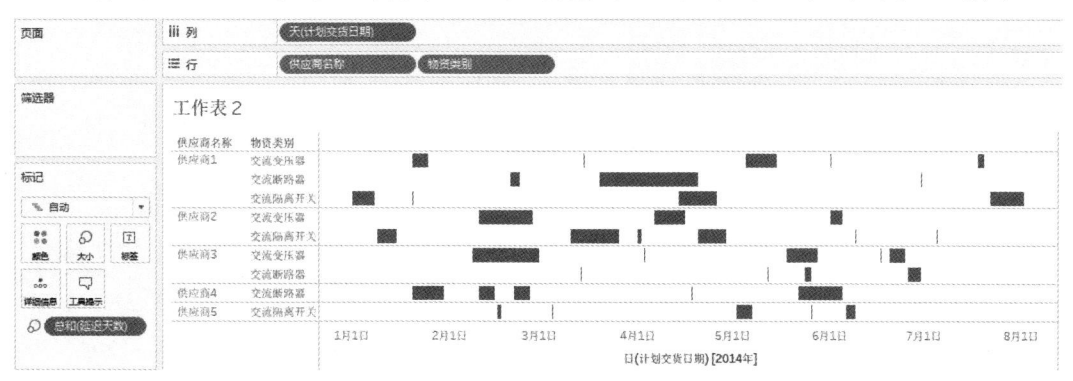

图 6.11　各供应商各物资延迟交货情况甘特图

从图 6.11 中,无法一眼看出各供应商对应的物资是提前交货的还是延迟交货的。此时,可以通过设置图形区的颜色增加显著性。

将"延迟天数"字段拖放到功能卡区的"颜色"中,进行颜色的设置。如图 6.12 所示。

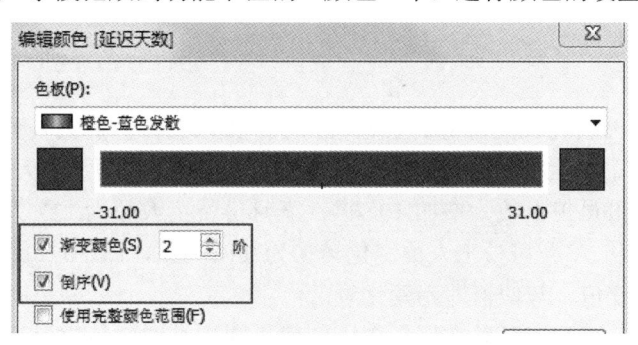

图 6.12　"编辑颜色［延迟天数］"对话框

最终各供应商各物质延迟交货情况甘特图如图 6.13 所示。

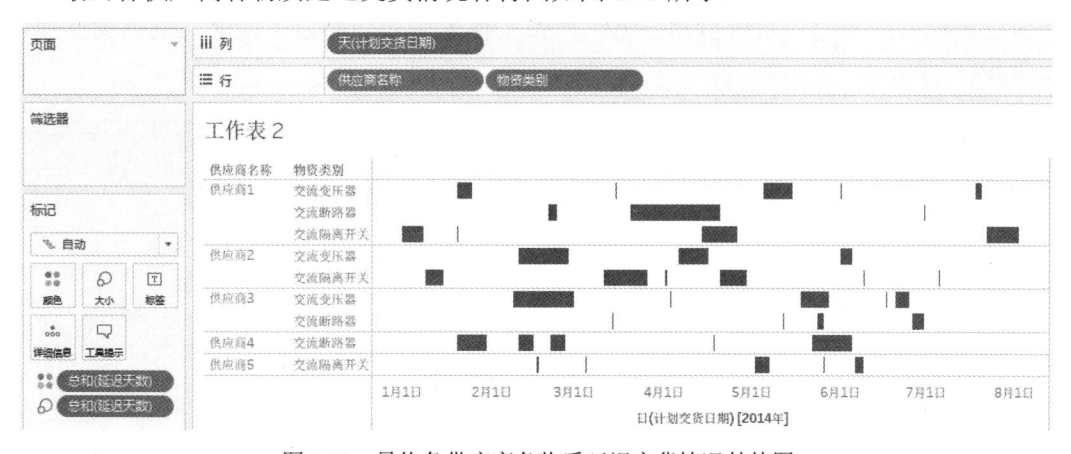

图 6.13　最终各供应商各物质延迟交货情况甘特图

我们还可以将行功能区中两个字段更换顺序(在前的字段就是大分类,在后的字段就是小分类),如图 6.14 所示。

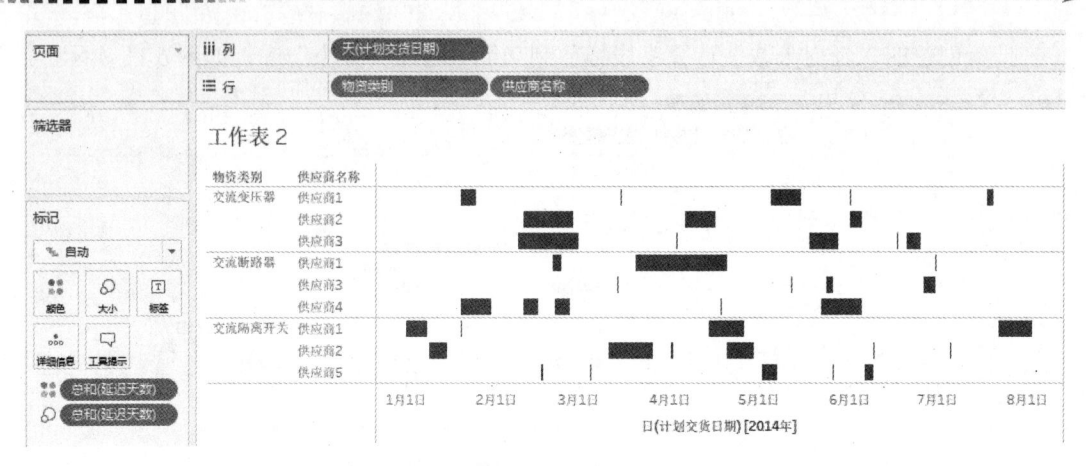

图 6.14　调整行功能区两个字段顺序后的各供应商各物质延迟交货情况甘特图

6.3　瀑布图

瀑布图是表达连续数值加减关系的。如果用户想表达两个数据点之间数量的演变过程，则可使用瀑布图。

例如，若对于 A 公司，一月份员工人数为 105 人，二月份员工人数为 121 人（较前月增加 16 人），三月份员工人数为 129 人（较二月份员工人数为增加 8 人），四月份员工人数为 139 人（较三月份员工人数为增加 10 人），五月份员工人数为 127 人（较四月份员工人数为减少 12 人），将 A 公司员工人数变化转换为加减关系，即 105+16+8+10-12=127，其中 105 与 127 为起讫值，其他值即为变化量。

案例：利用"全球超市订单数据"表，创建不同子类别产品的利润盈亏瀑布图。

"全球超市订单数据"表包含了两张工作表，分别是"人员"工作表和"订单"工作表。此案例需要用到这两张工作表。在数据源里将"人员"和"订单"两张工作表都拖放到数据画布中。系统自动会将这两张工作表用共同字段"地区"来创建连接，如图 6.15 所示。

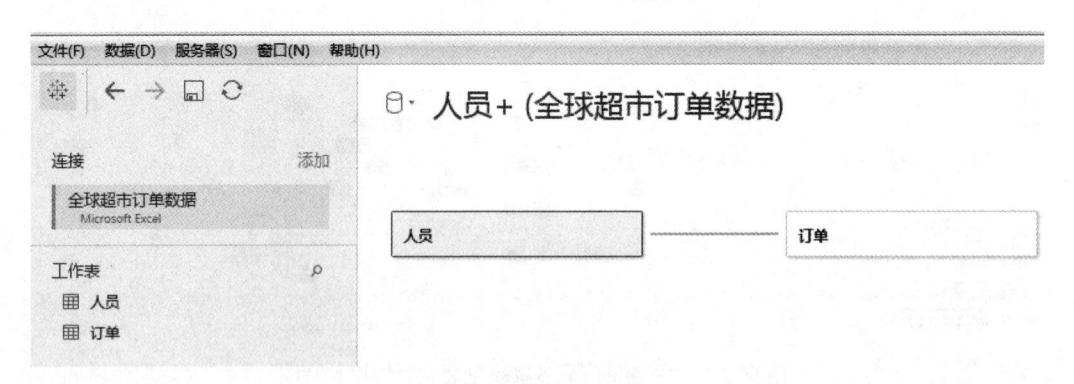

图 6.15　操作数据源

在工作表界面中，将"子类别"字段拖放到列功能区中，"利润"字段拖放到行功能区中，单击工具栏中的""（按升序排列）图标。

将行功能区中的"利润"字段改为快速表计算的"汇总"字段。将"利润"字段拖放到功能卡区的"标签"中并单击,在出现的菜单中选择"设置格式"选项即可设置"利润"字段的数字格式,如图6.16所示。

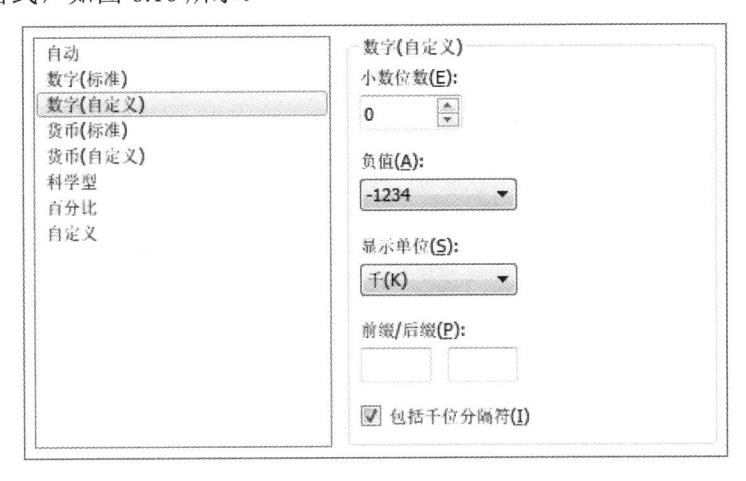

图 6.16 设置"利润"字段的数字格式

此时,可以得到如图6.17所示的结果图。

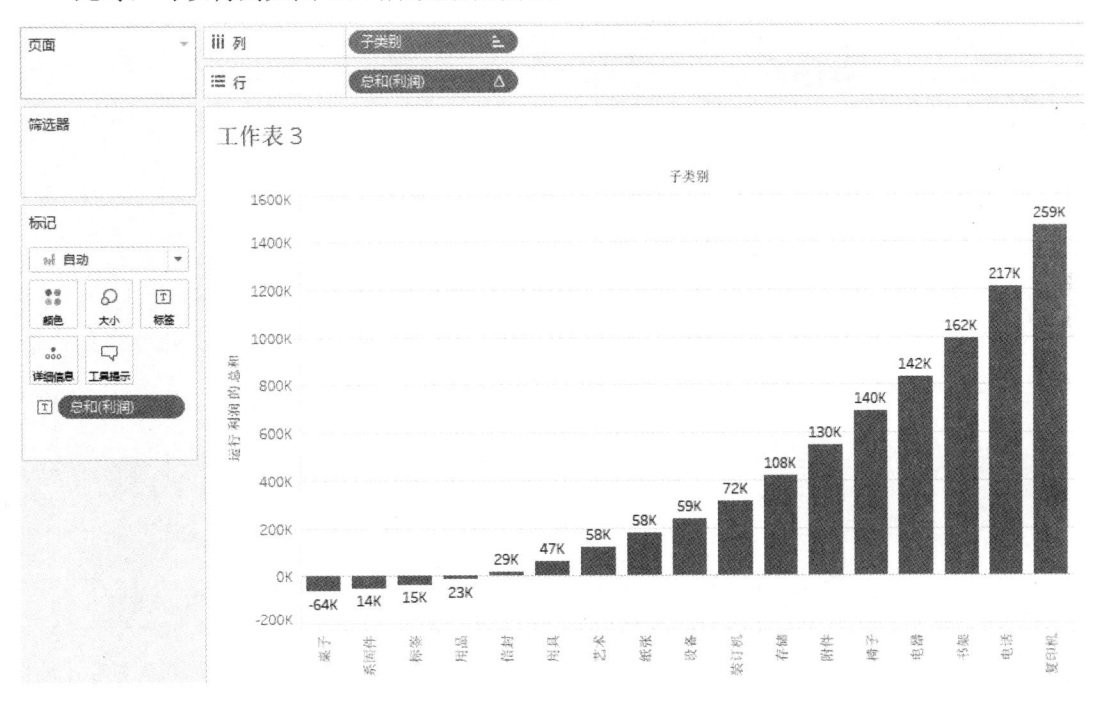

图 6.17 结果图

在图6.17中,每个条形图的高度表示的是累计情况,和下面的数值标签不是一回事。

在"标记"卡的下拉菜单选择"甘特条形图"选项。这是制作瀑布图的关键步骤,如图6.18所示。

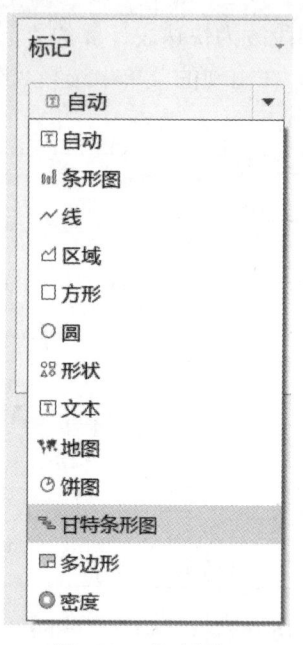

图 6.18 修改标记

然后,我们需要创建计算字段"长方形高度",其值为利润的负值,如图 6.19 所示。

图 6.19 创建计算字段

将刚刚创建出来的"长方形高度"计算字段放置到功能卡区的"大小"中。

将"利润"字段放置到功能卡区的"颜色"中,进行颜色的设置并更改该字段的快速表计算为"汇总"字段,如图 6.20 所示。

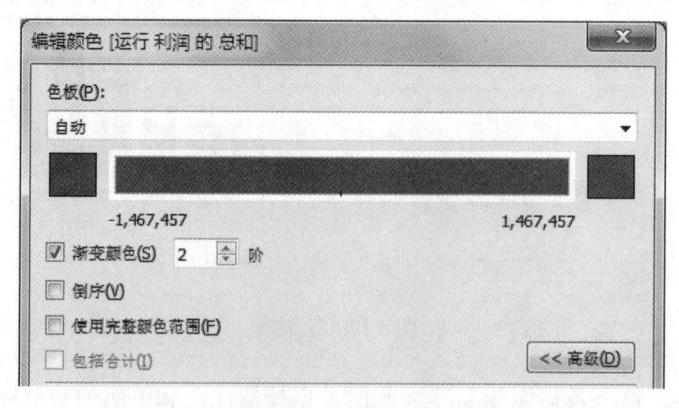

图 6.20 设置颜色

不同子类别产品的利润盈亏瀑布图如图 6.21 所示。

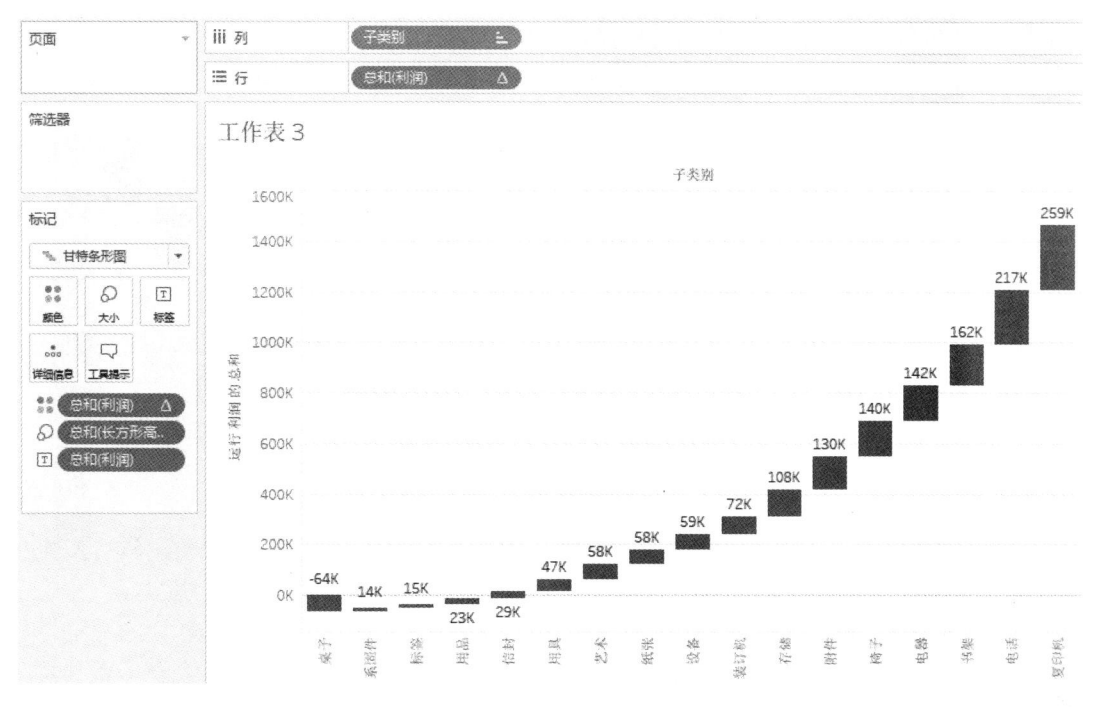

图 6.21 不同子类别产品的利润盈亏瀑布图

从图 6.21 中可以看出,灰色表示亏损的状态,黑色表示扭亏为盈的状态。

在菜单栏的"分析"选项卡中,选择"合计"→"显示行总和"选项,如图 6.22 所示。

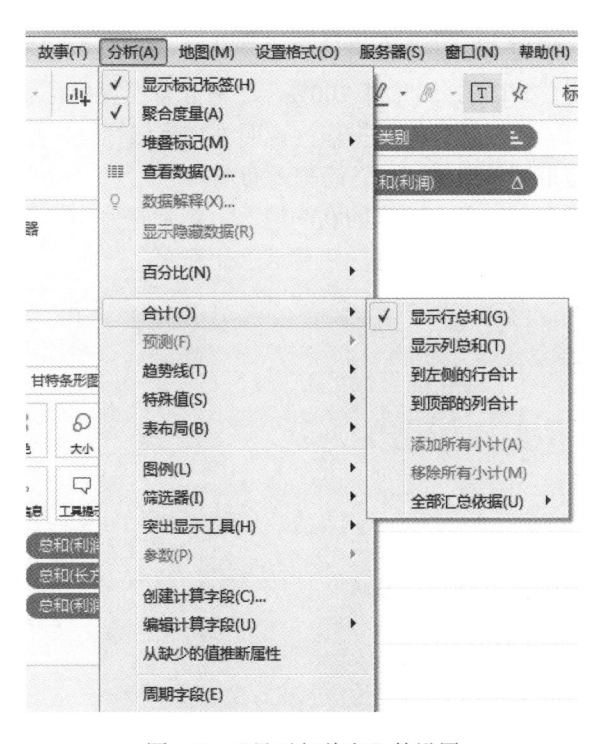

图 6.22 "显示行总和"的设置

最终的不同子类别产品的利润盈亏瀑布图如图 6.23 所示。

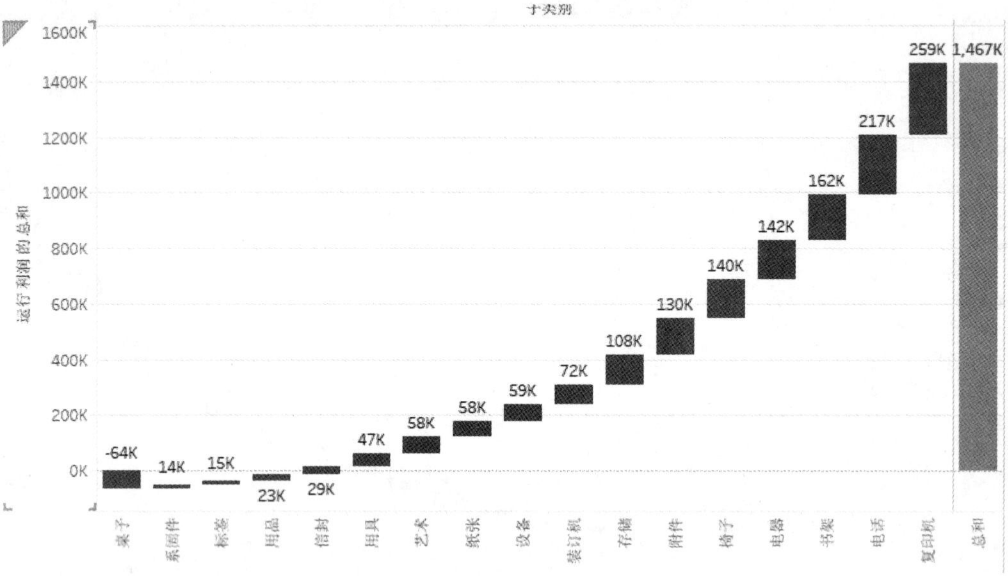

图 6.23　最终的不同子类别产品的利润盈亏瀑布图

练习案例

（1）根据"电影数据.xlsx"，绘制"2012 年各国家电影产量"标靶图。

要求：上映时间为 2012 年；添加参考线和参考分布；参考线为黑色加粗，不显示标签；参考分布为总量平均值百分比的 50%和 100%，参考分布线为橙色加粗，中间为浅灰色，显示标签为计算；将相关数据的分析结果作为说明添加到该标靶图里。

（2）使用"全球超市订单数据.xlsx"绘制瀑布图。

要求：分析拉丁美洲市场各个国家的利润情况，排除零值；将累计利润为负的数据设为红色，累计利润为正的数据设为蓝色，并显示总计利润。

第 7 章

分层结构、分组和集

本章知识点：
- ✓ 掌握分层结构
- ✓ 掌握分组
- ✓ 掌握集的创建

7.1 分层结构

分层（层级）结构就是维度之间一种自上而下的组织结构。Tableau 默认就包含了某些字段的分层结构，比如日期型字段。Tableau 自动将日期型字段分层为年、季度、月、日。

7.1.1 默认日期分层结构

下面以默认日期分层结构为例，介绍如何以日期为维度，下钻或者上卷来观察度量值，这是一个非常实用的分析技能。

下钻是指将分层结构层层展开；上卷则恰好相反，是指将分层结构层层缩回。

案例：导入"全球超市订单数据.xlsx"，通过日期下钻观察利润值。

将"订购日期"字段放置在列功能区中，"利润"字段放置在行功能区中，在工具栏中选择"整个视图"图标即可让图形铺满整个视图，如图 7.1 所示。

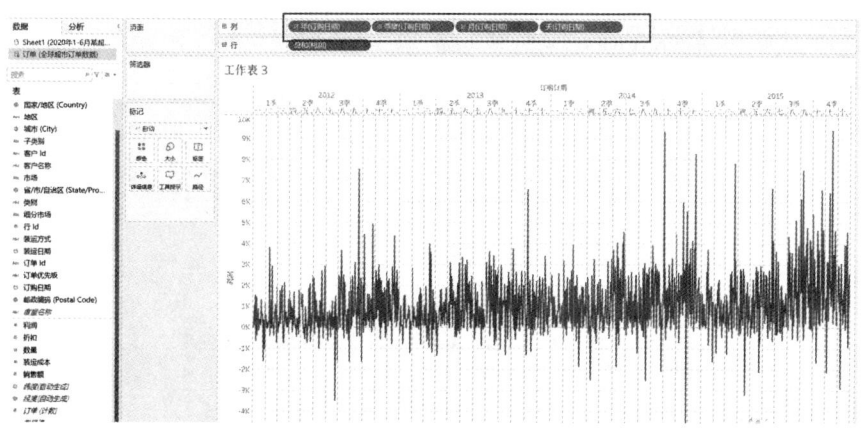

图 7.1 通过日期下钻观察利润值

可以在列功能区中单击"年（订购日期）"字段前的"-"符号，上卷到"年"，如图7.2所示。

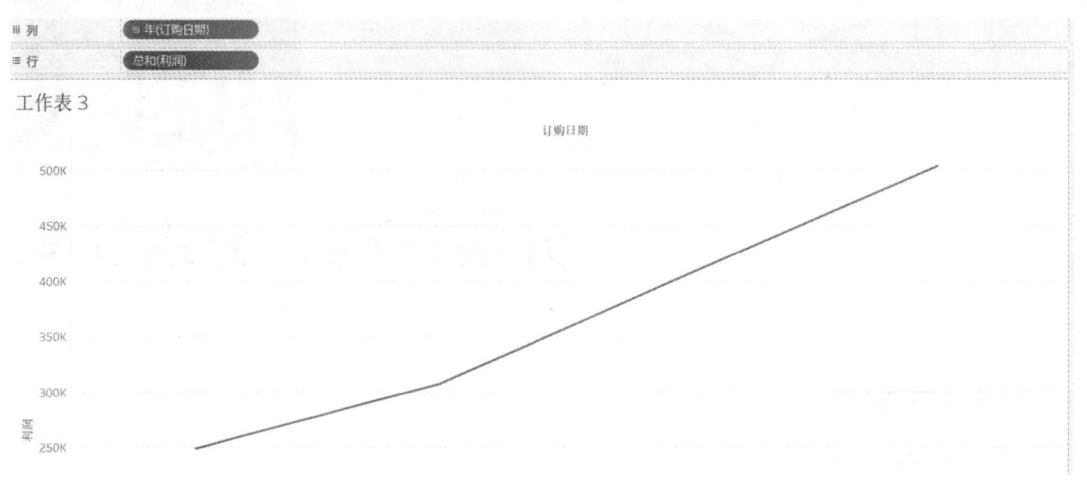

图7.2　层级的上卷

7.1.2　自定义分层结构

除了使用 Tableau 默认分层结构，还可以使用自定义分层结构。

案例：导入"人工坐席接听数据.xlsx"，创建自定义客服部组织架构（分层结构）和客服部各层级平均呼入通话时长的操作。

1．自定义客服部组织架构（分层结构）

通过自定义分层结构中最顶层维度创建自定义客服部组织架构（分层结构）。在"数据"选项卡中，单击"中心"字段，并在右键快捷菜单中选择"分层结构"→"创建分层结构"选项，在打开的"创建分层结构"对话框的"名称"栏中输入"客服部层级"，如图7.3、图7.4所示。

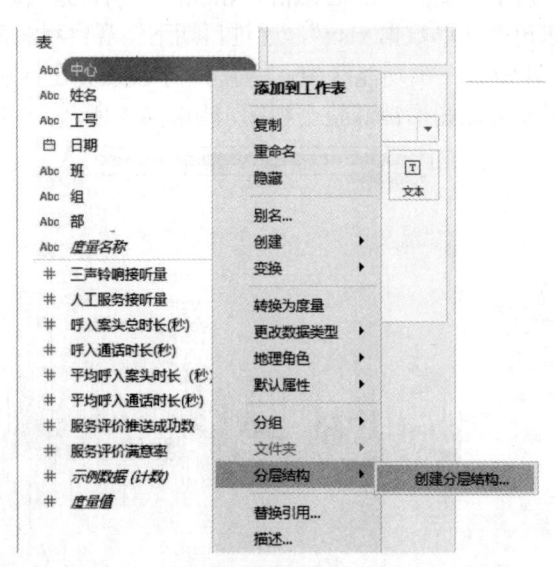

图7.3　创建分层结构

注意：这里的"中心"是自定义分层结构里面最顶层维度，类似于默认日期分层结构里面的"年"。

然后，把其他维度依照自定义分层结构逻辑顺序自上而下拖放到最顶层维度下面。自定义客服部组织架构（分层结构）的逻辑顺序是"中心"→"部"→"组"→"班"。最终的客服部分层结构如图 7.5 所示。

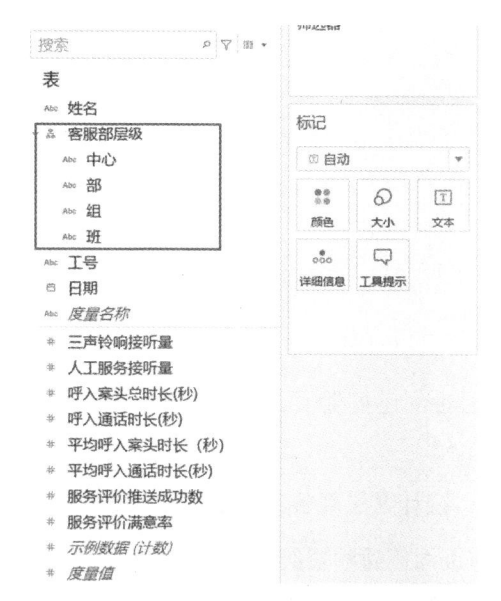

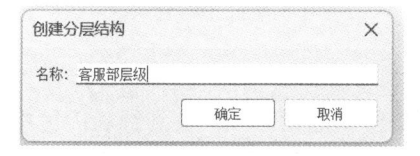

图 7.4 "创建分层结构"对话框　　　　图 7.5 最终的客服部分层结构

在自定义分层结构中，除了通过拖放操作添加层级，还可以通过右键快捷菜单依次添加层级；对已经添加的层级也可以进行移除，如图 7.6、图 7.7 所示。

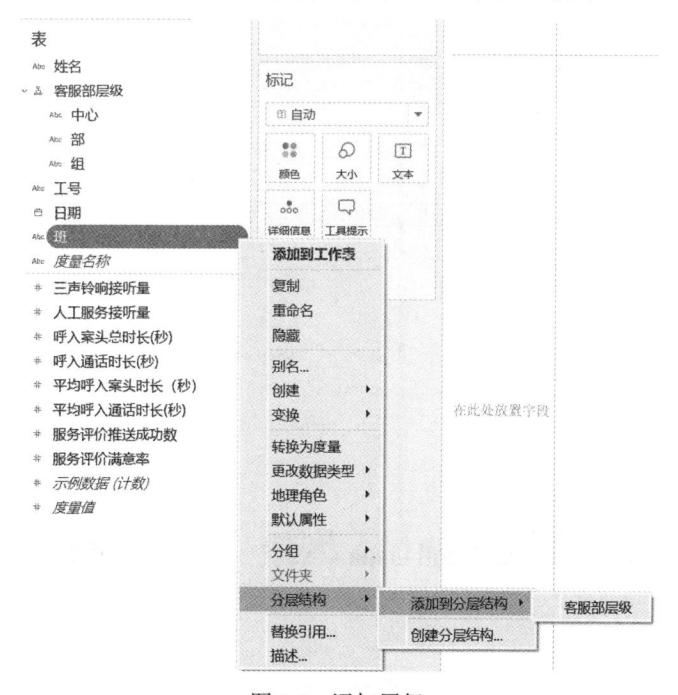

图 7.6 添加层级

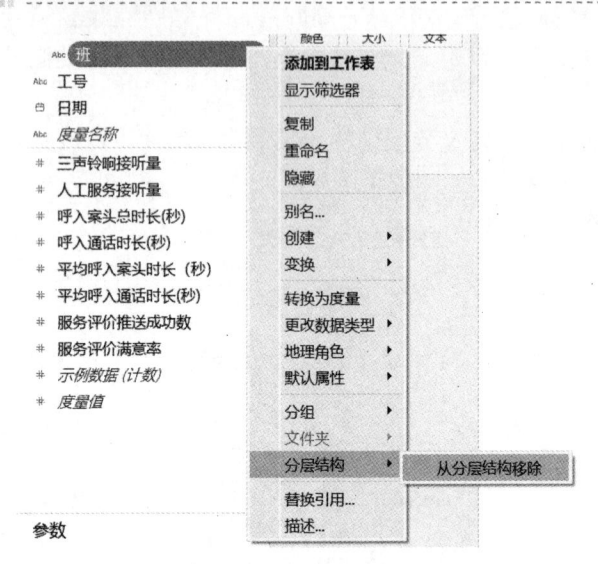

图7.7　移除层级

Tableau 还提供了一种很简便的创建分层结构方式：直接将需要分层的字段一起拖放到列功能区中。

2．统计客服部各层级平均呼入通话时长

将上面创建的层级字段拖放到列功能区中，"平均呼入通话时长"放到行功能区中。并将"客服部层级"向下钻到"班"，然后在工具栏中选择"整个视图"图标即可让图形铺满整个视图，如图7.8所示。

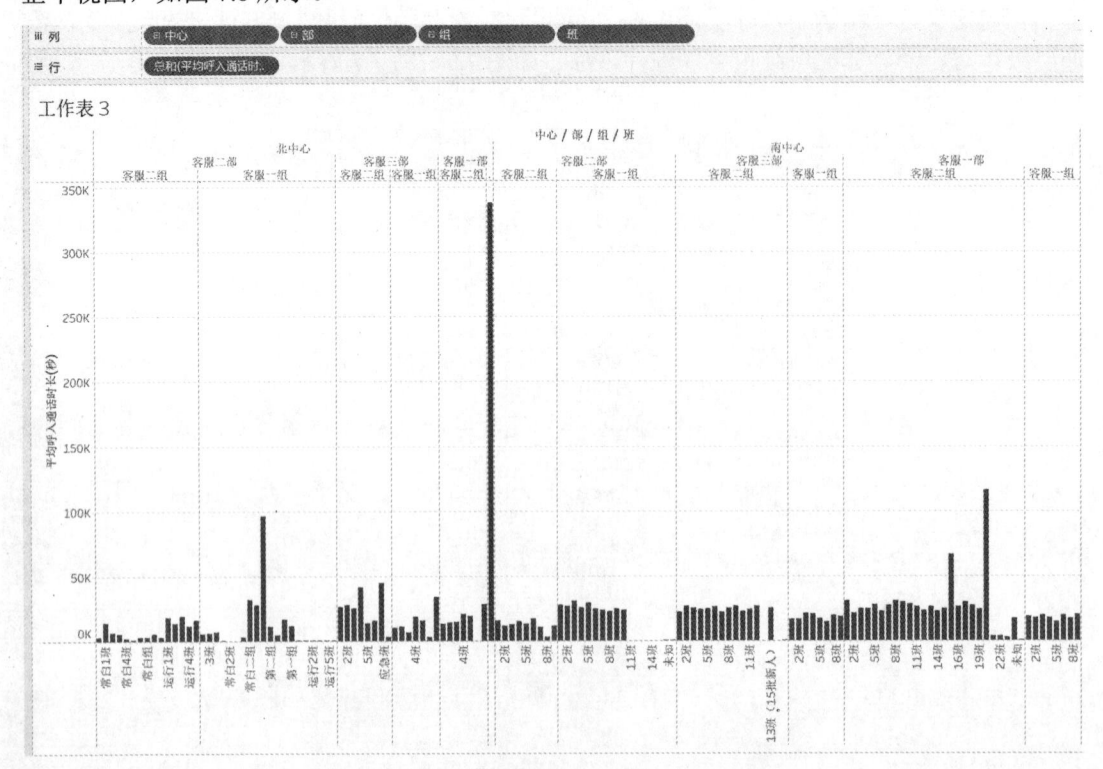

图7.8　统计客服部各层级平均呼入通话时长

自定义分层结构完成以后就可以观察不同层级的度量值。此时，我们会发现北中心客服一部客服一组数据较其他数据异常。异常数据可以作为问题交由企业进行跟踪分析。

3. 利用客服部层级创建折线图

下面创建以日期为维度的客服部不同层级平均呼入通话时长折线图。

将"日期"字段拖放到列功能区中，并把"日期"字段的度量设置为"天"；把分层结构里的"中心"字段拖放到行功能区中。下钻到"组"，显示"中心""部""组"3 个层级；把"平均呼入通话时长"字段拖放到行功能区中。客服部不同层级平均呼入通话时长折线图如图 7.9 所示。

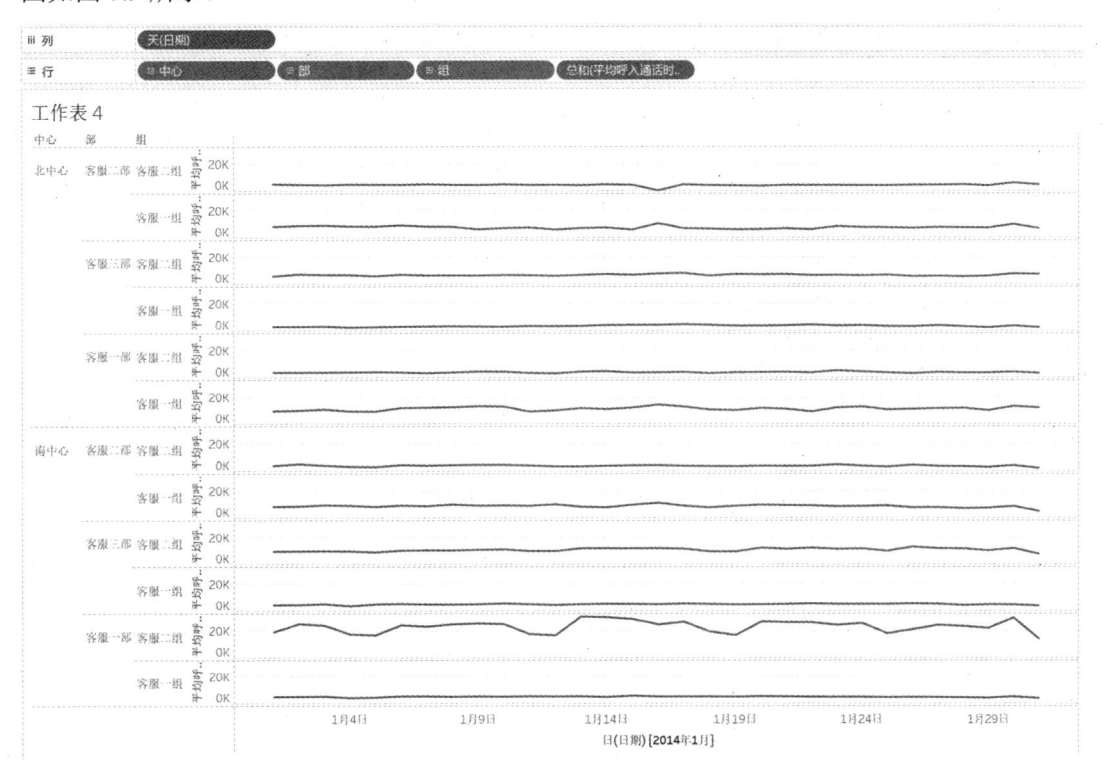

图 7.9　客服部不同层级平均呼入通话时长折线图

由图 7.9 可见，南中心客服一部客服二组的平均呼入通话时长波动较大。

需要注意的是，在 Tableau 中，不能对分层结构进行嵌套的。比如，创建了两个分层结构，要把其中一个分层结构拖动进另一个分层结构里是不行的。

7.2　分组

分组是维度或度量离散值的组合。通过分组可以对维度或度量值进行分类。比如维度分类：苹果、香蕉、鞋子、衬衫、猫、狗，可以划分为水果（苹果、香蕉）、服装（鞋子、衬衫）、动物（猫、狗）。又如，通过客户消费总额（度量值）进行分类：总额<100（低价值客户），总额>=100 但<=500（普通客户），总额>=500（高价值客户）。

案例：导入"人工服务接听数据.xlsx"，实现客服班分组。

首先，将"班"字段拖放到行功能区中，"人工服务接听量"字段拖放到列功能区中，在工具栏中选择"整个视图"图标即可让图形铺满整个视图，如图 7.10 所示。

然后，将"13 班""13 班（15 批新人）"分成一组（13 班），将"15 班""15 期新人"分成一组（15 班），将"常白班""常白 1 班""常白 2 班""常白 3 班""常白 4 班""常白二组""常白一组""常白组"分成一组（常白班），将"第二组""第三组""第四组""第一组""第八组"分成一组（其他组），将"运行 1 班""运行 2 班""运行 3 班""运行 4 班""运行 5 班"分成一组（运行班）。

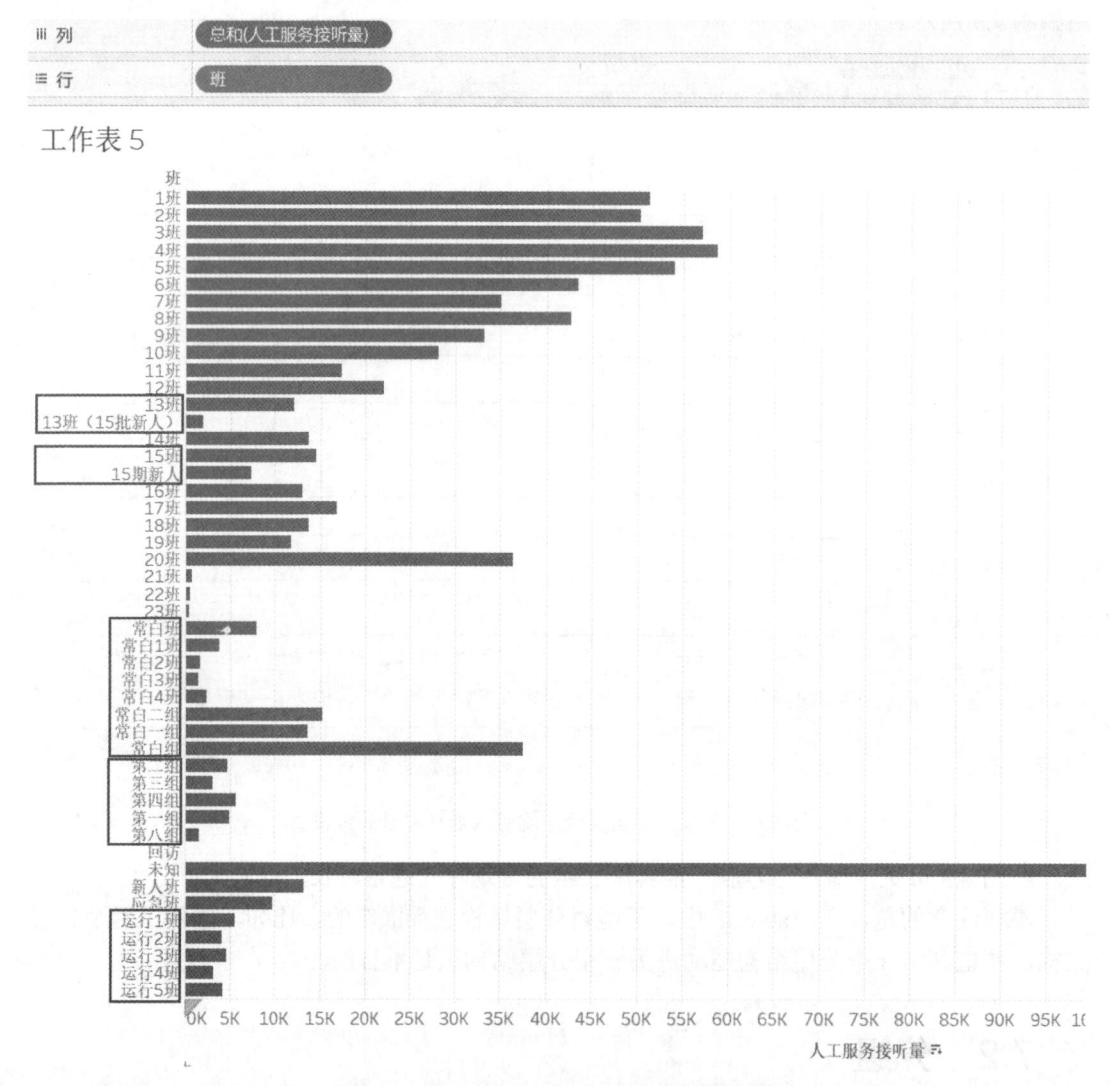

图 7.10　各班（组）人工服务接听量直方图

7.2.1　创建组

根据图 7.10 创建组。创建组有以下两种方法。

(1)在"数据"选项卡中创建组。

在"数据"选项卡中，右击"班"字段，在出现的菜单中选择"创建"→"组"选项，如图 7.11 所示。

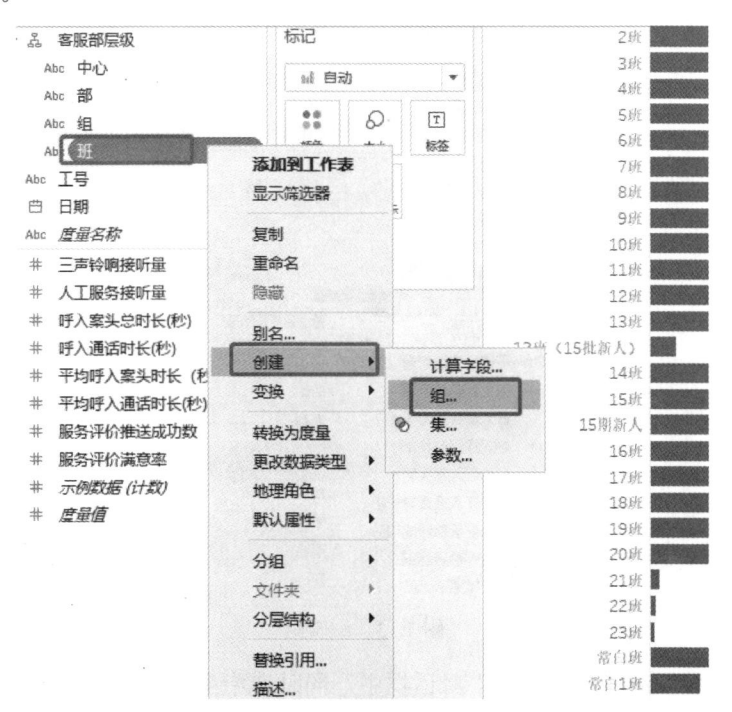

图 7.11　创建组方法一

(2)在图形中创建组。

在各班（组）人工服务接听量条形图中，右击数据条，在出现的菜单中选择"组"选项，如图 7.12 所示。

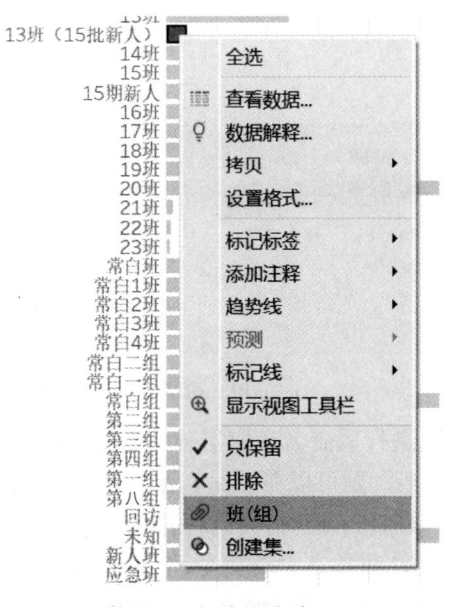

图 7.12　创建组方法二

7.2.2 编辑组

成功创建组后，会在左边"数据"选项卡中新增一个"回形针"图标的班（组）。此时，可以右击该班（组），在出现的菜单中选择"编辑组"选项，如图7.13所示。

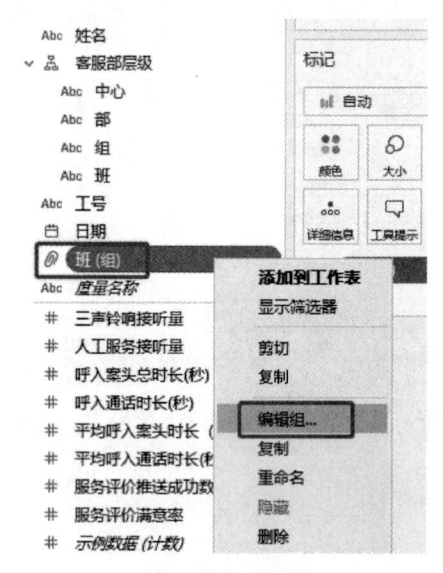

图7.13 编辑组

在打开的"编辑组［班（组）］"对话框中，同时选中多个班，然后单击"分组"按钮，在出现的菜单中选择"组"选项，如图7.14所示。

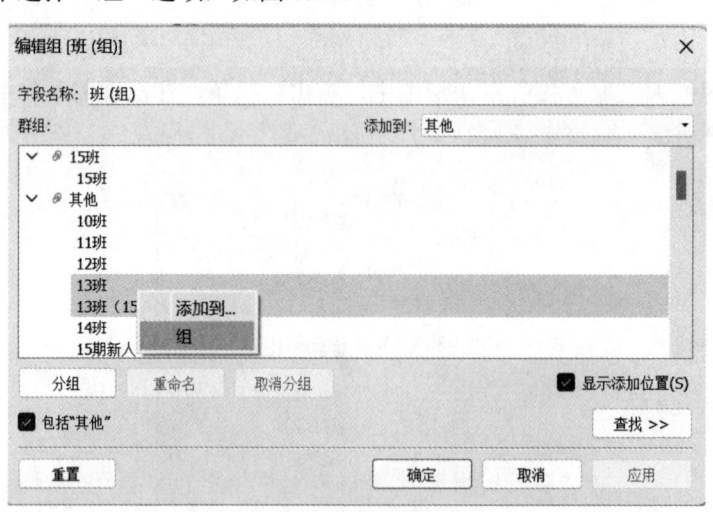

图7.14 新建组

在图7.14中，可以对组进行重命名和取消分组操作，如图7.15所示。

如果需要创建组的值较多，则可以在"编辑组［班（组）］"对话框中单击"查找"按钮来完成。比如，在创建"常白班"组时，可以在图7.15中单击"查找"按钮，然后在"查找成员"文本框中输入"白"，再单击"查找全部"按钮；系统会同时选中带"白"的值；此时，可以按"分组"按钮使系统进行分组操作，如图7.16所示。

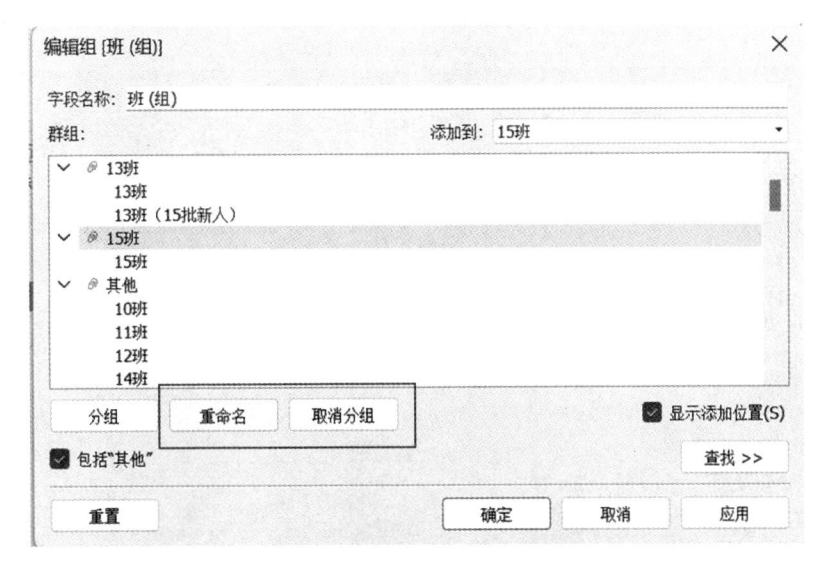

图 7.15　重命名和取消分组

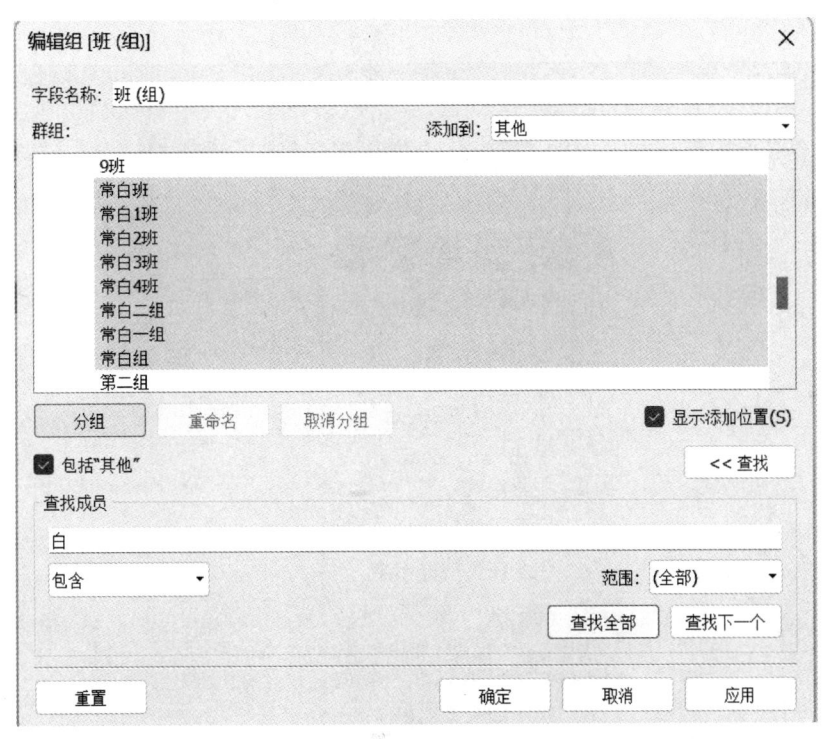

图 7.16　编辑组中的"查找"功能

7.2.3　统计各班（组）人工服务接听量

利用创建好的组，统计各班（组）人工服务接听量。

将"班（组）"字段拖放到列功能区中，"人工服务接听量"字段拖放到行功能区中。"班（组）"字段拖放到功能卡区的"颜色"中，即可得到如图 7.17 所示的直方图。

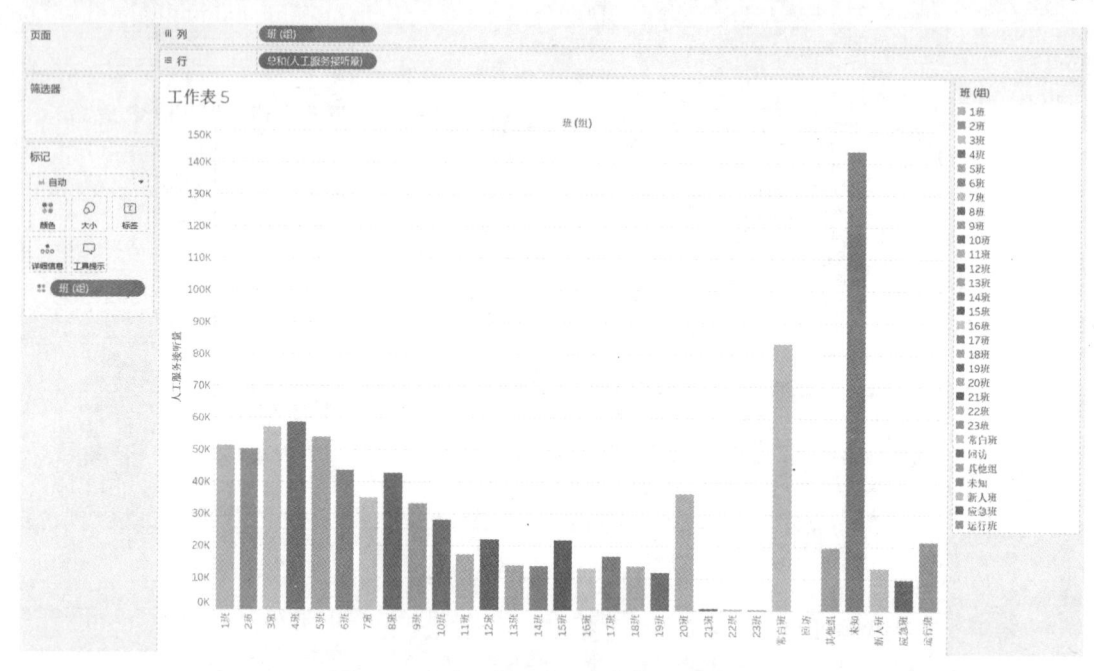

图 7.17　各班（组）人工服务接听量直方图

补充操作：单击列功能区中的"班（组）"字段下拉箭头，在下拉菜单中选择"包括'其他'"选项，如图 7.18 所示。

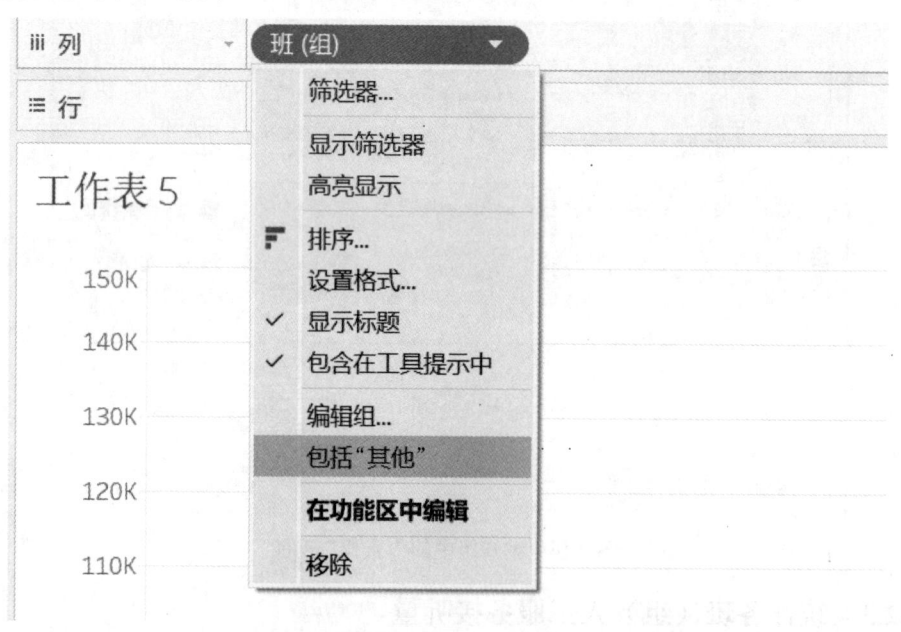

图 7.18　包括"其他"

最终得到如图 7.19 所示的直方图。

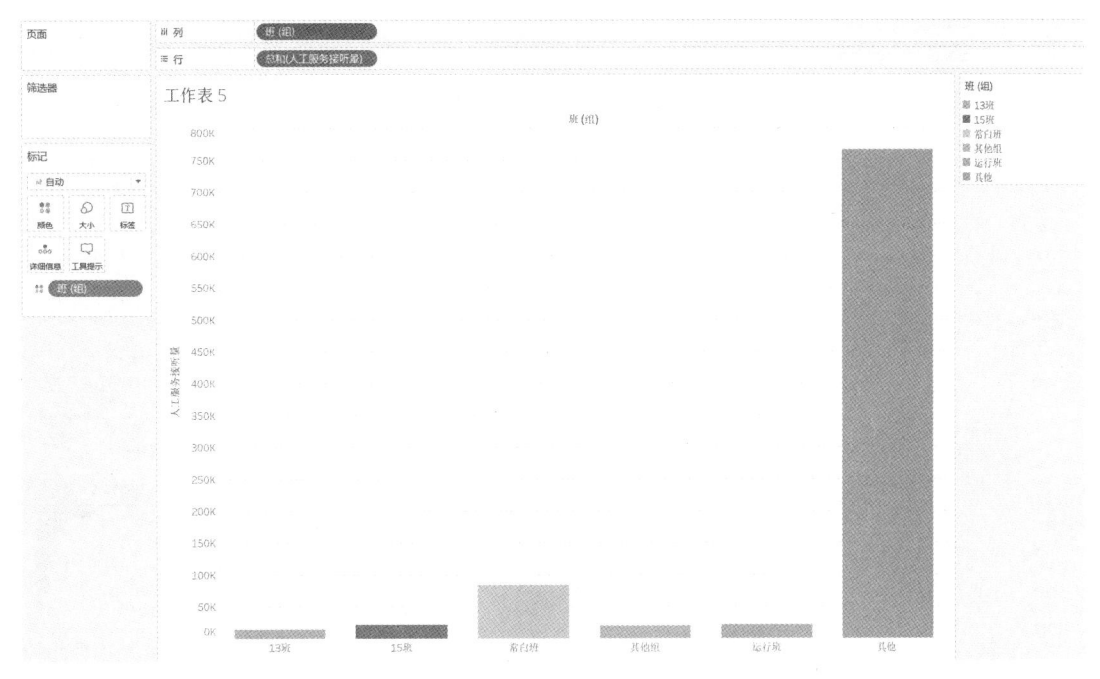

图 7.19　包括 "其他" 的各班（组）人工服务接听量直方图

7.3　集

定义：集是满足某些条件的数据子集，是维度的部分成员。集的符号为 ⊗。
集的类型如图 7.20 所示。

名称	常量集	计算集
类型	静态集	动态集
是否会更新	否	是
可用维度数量	单个或多个	单个
创建方式	视图中选择	数据窗口创建

图 7.20　集的类型

案例 1：导入 "全球超市订单数据.xlsx"，统计负利润国家利润。

首先，将 "国家/地区（Country）" 字段拖放到列功能区中，"利润" 字段拖放到行功能区中，并按利润降序排列这些国家/地区。

然后，在图形区域查找负利润国家。键选中所有负利润国家，右击，在右键快捷菜单中选择 "创建集" 选项，在打开的 "创建集" 对话框的 "名称" 文本框中输入 "负利润国家"，如图 7.21、图 7.22 所示。

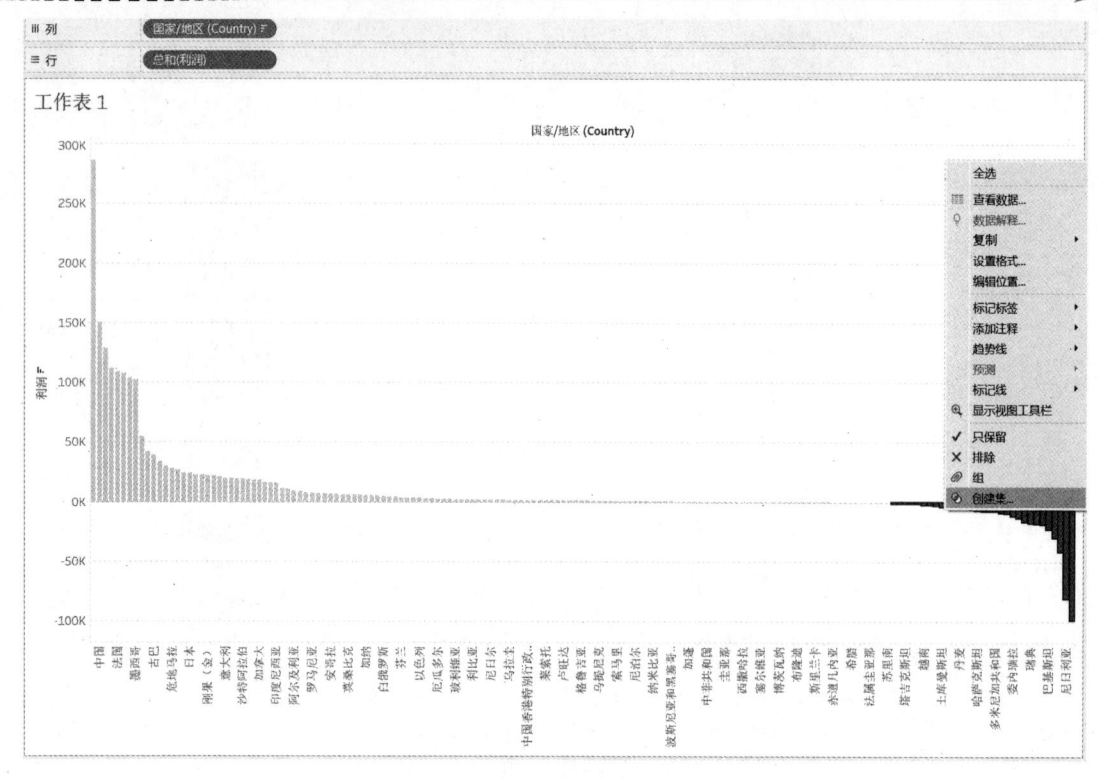

图 7.21 创建集

图 7.22 "创建集"对话框

将刚刚创建的"负利润国家"字段拖放到列功能区中,"利润"字段拖放到行功能区中,从而得到如图 7.23 所示的图形。

单击列功能区中的"负利润国家"字段下拉箭头,在下拉菜单中选择"在集内显示成员"选项,如图 7.24 所示。

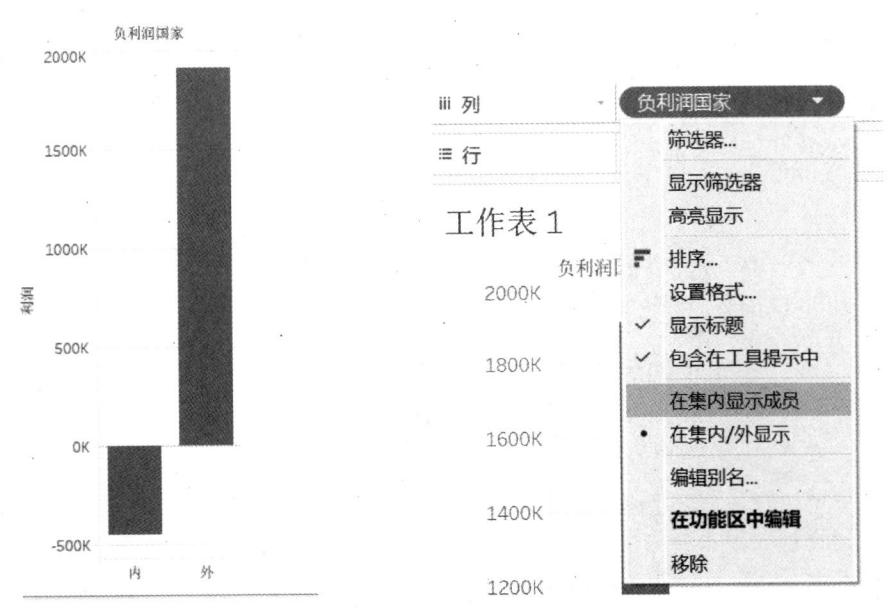

图 7.23　负利润国家利润的统计　　图 7.24　选择"在集内显示成员"选项

最终的负利润国家利润的统计如图 7.25 所示。

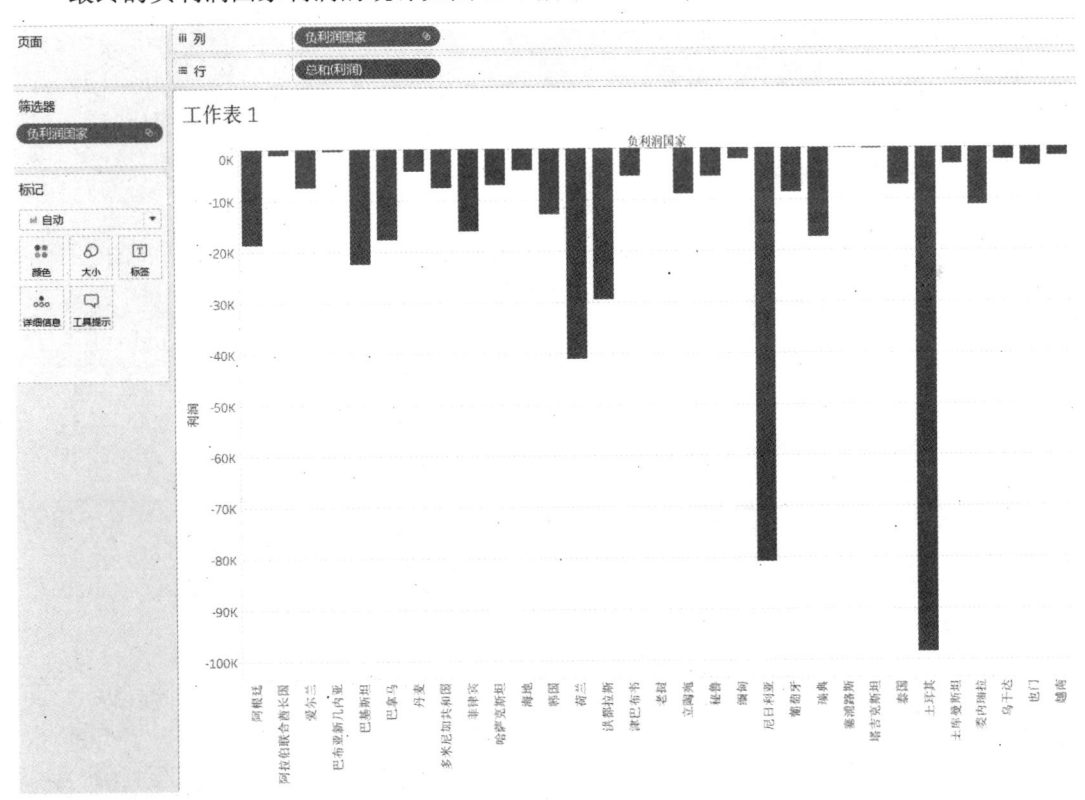

图 7.25　最终的负利润国家利润的统计

案例 2：导入"全球超市订单数据.xlsx",统计销量前 100 的负利润产品（引流产品）利润。

案例分析：所谓引流产品就是利润很低（在本案例里为负利润产品）且销量高的产品。

所以需要创建两个集——"负利润产品"集和"销量前100的产品"集。

1. 创建"负利润产品"集

首先,选中"产品名称"字段,右击,在右键快捷菜单中选择"创建"→"集"选项,如图7.26所示。

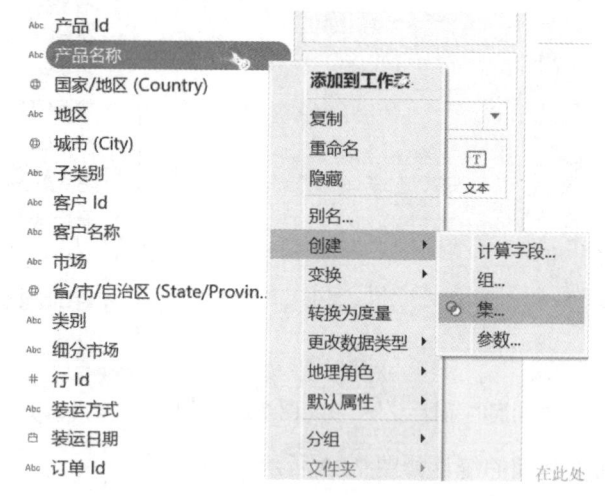

图7.26　创建集

然后,在打开的"编辑集[负利润产品]"对话框的"条件"选项卡中,单击"按字段"单选项,并选择"利润""总和""<=0"选项,如图7.27所示。这样,就创建除了负利润产品集。它是基于"产品名称"维度下的一个子集。

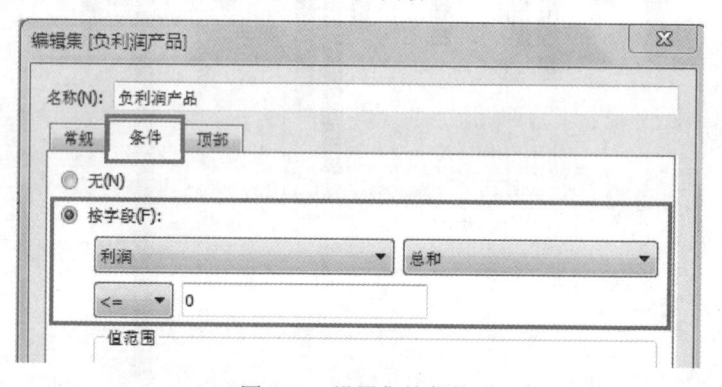

图7.27　设置集的条件

2. 创建"销量前100的产品"集

创建"销量前100的产品"集的操作步骤和创建"负利润产品"集的操作步骤类似。

首先,选中"产品名称"字段,右击,在右键快捷菜单中选择"创建"→"集"选项。然后,在打开的"编辑集[销量前100的产品]"对话框的"顶部"选项卡中,单击"按字段"单选项,并选择"顶部""100""数量""总和"选项,如图7.28所示。

3. 合并集

利用上面两个集创建"引流产品"集。此时,需要将这两个集进行合并。

首先，选中刚才创建好的"负利润产品"字段，右击，在右键快捷菜单中选择"创建合并集"选项，如图 7.29 所示。

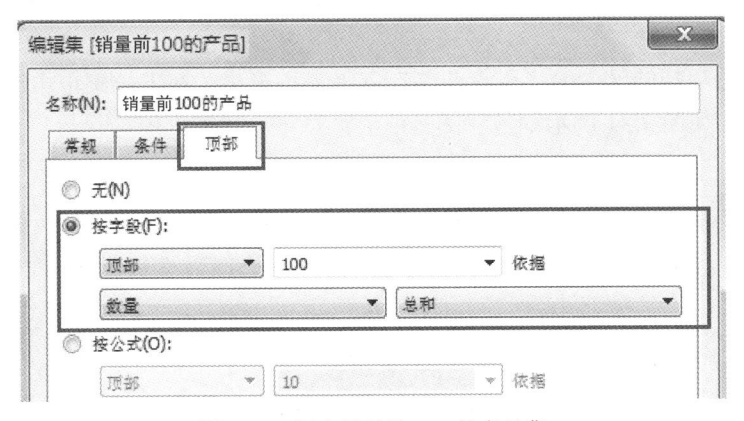

图 7.28　创建销量前 100 的产品集

图 7.29　创建合并集

在打开的"创建集［集 1］"对话框中，选择需要合并的两个集，并根据实际情况选择"两个集中的共享成员"单选项，如图 7.30 所示。

图 7.30　创建引流产品集

4．显示前 100 的负利润产品

首先，将之前创建的"引流产品"字段拖放到列功能区中，"利润"字段拖放到行功能区中。

然后，单击列功能区中的"引流产品"字段下拉箭头，在下拉菜单中选择"在集内显示成员"选项，如图 7.31 所示。

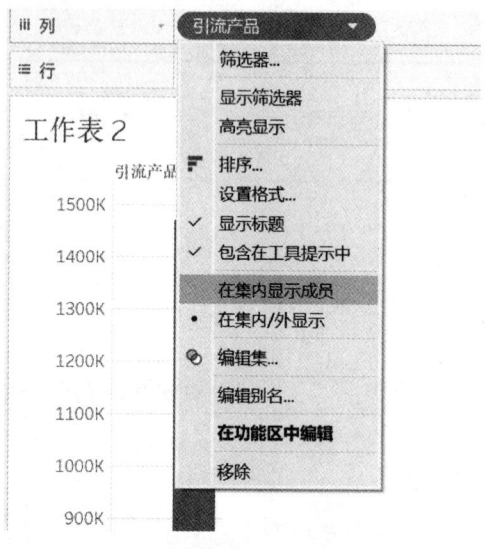

图 7.31 显示集内成员

引流产品利润的统计如图 7.32 所示。

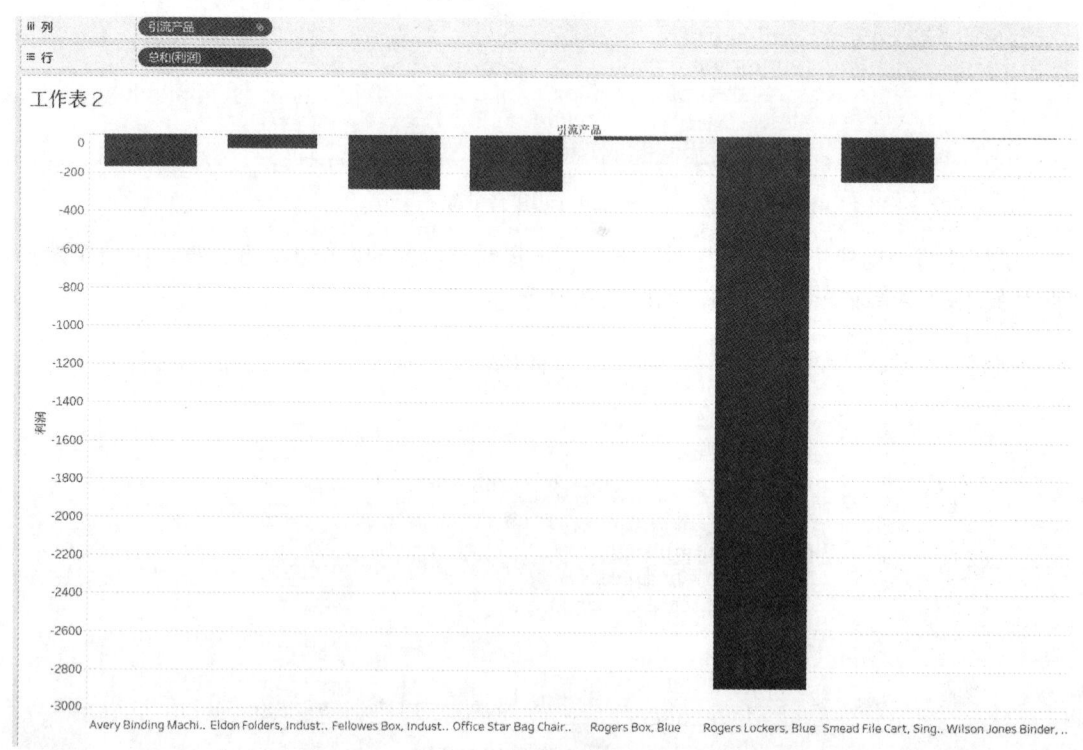

图 7.32 引流产品利润的统计

练习案例

利用"2014年各省市售电量.xlsx",创建中国大区数据分组,并完成以下任务。
(1)统计中国大区电量销售情况(当期值)。
(2)绘制中国大区电量销售标靶图。

第 8 章

旋风图、漏斗图和盒须图

本章知识点：

- ✓ 掌握旋风图
- ✓ 掌握漏斗图
- ✓ 掌握盒须图

8.1 旋风图

旋风图又称蝴蝶图或对比条形图，实际上是常见条形图的一个创意形式。由于它的形状是左右分开的，如同旋风的形状，因此被称为旋风图。

旋风图主要应用在两组数据的对比呈现上。比如，A 和 B 两组有多个同类或相同形式的数据，我们要对这些数据进行对比，此时就可以使用旋风图。利用旋风图可以得到一个非常清晰并且直观的数据对比图。

旋风图用来分类描述某变量的频数分布，所以一般和直方图相关。

案例：导入"人口数据.xlsx"，利用旋风图来显示男性和女性在各年龄段的人数分布。

在此案例中，我们首先需要对"人口数据.xlsx"的数据进行简单的处理。

1. 数据处理

在导入"人口数据.xlsx"后，"Age"字段默认作为度量值。根据要求，我们要显示各年龄段的人数。所以，就需要将"Age"字段转换为维度，如图 8.1 所示。

接下来将"Age"字段拖放到行功能区中，"Estbase2010"字段施放到功能卡区的"文本"中，可以得到如图 8.2 所示的图形。

在图 8.2 中，年龄里出现了"Null"的数据。此时，"Age"字段数据类型是数值型。我们需要将它的数据类型改为字符串型，如图 8.3 所示。

此时，图 8.2 所示的图形会根据"Age"字段数据类型的更改进行相应的更改，如图 8.4 所示。仔细观察 8.4 所示的图形可以发现，虽然年龄里没有出现"Null"的数据，但是（在图形区最下面）出现了"85+"的数据。

图 8.1　将"Age"字段转换为维度

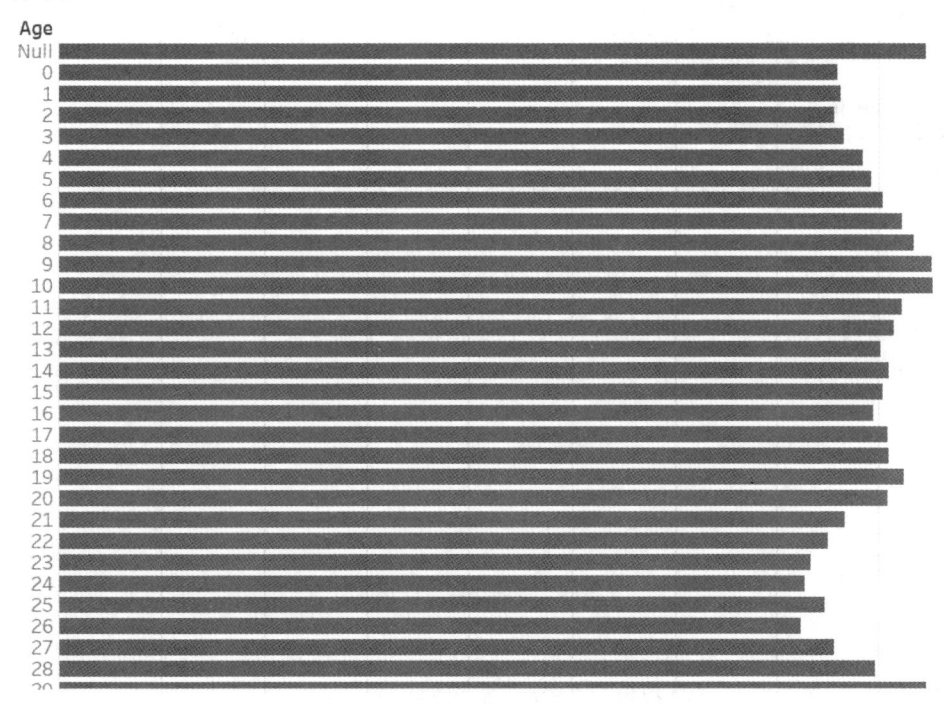

图 8.2　显示各年龄段的人数

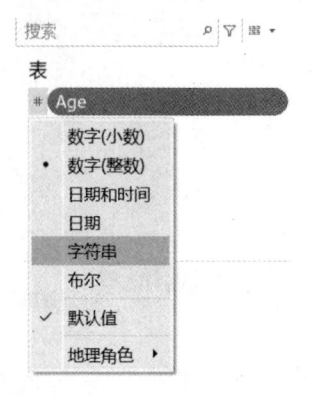

图 8.3 更改字段的数据类型

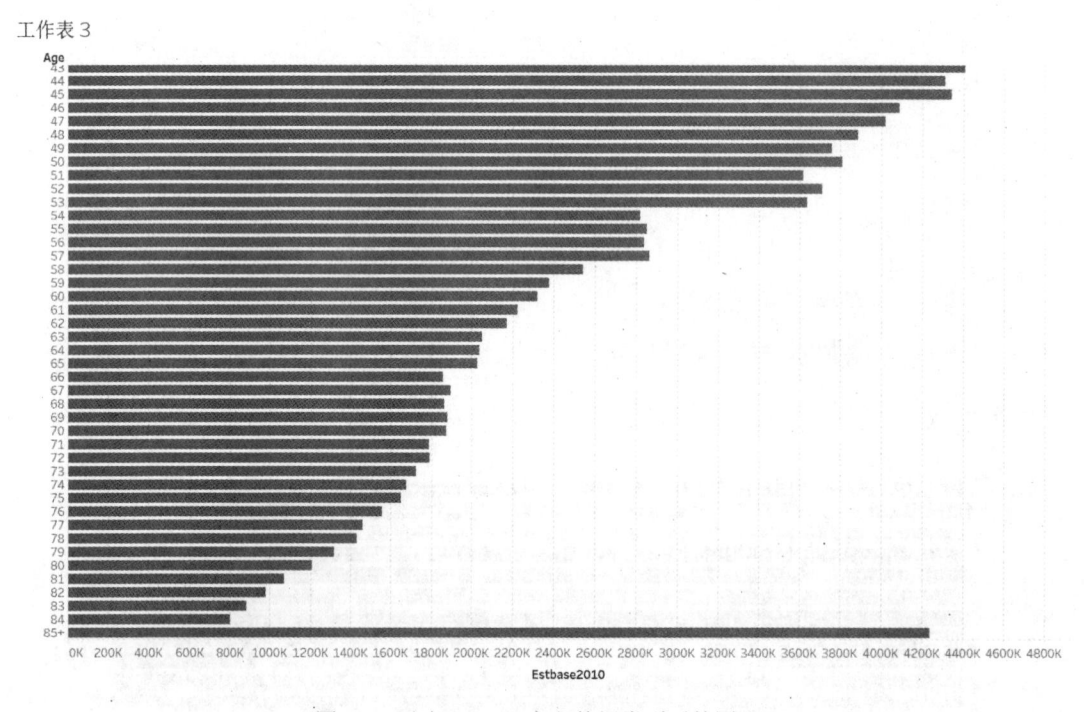

图 8.4 更改"Age"字段数据类型后的图形

对于"85+"的数据（异常数据），我们通过创建计算字段（"年龄"字段），将其全部改为"85"的数据，如图 8.5 所示。

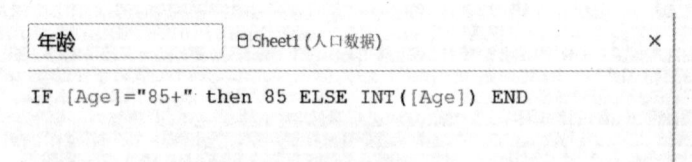

```
IF [Age]="85+" then 85 ELSE INT([Age]) END
```

图 8.5 创建计算字段

这里需要说明的是，我们最终仍然要把"年龄"字段转换为数值型，因为后续在创建各年龄段的人数分布时，只有数值型的数据才能创建数据桶。

创建计算字段（"年龄"字段）后可以发现，新创建的"年龄"字段位于度量区域。此时，将刚创建好的"年龄"字段转换为维度。

将"年龄"字段拖放到行功能区中,"Estbase2010"字段拖放到功能卡区的"文本"中,并且在工具栏中选择"整个视图"图标即可让图形铺满整个视图。这样,"人口数据.xlsx"的数据就显示完整了,如图 8.6 所示。

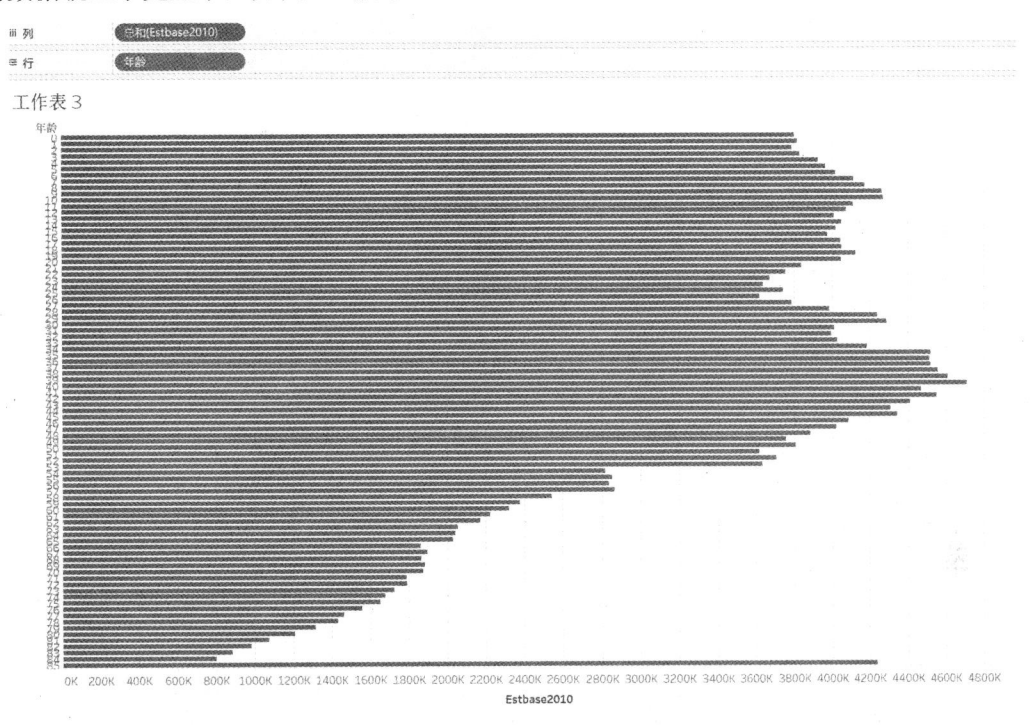

图 8.6 完整地显示各年龄段的人数

2. 创建直方图

在此案例中,我们需要对比各年龄段的人数,但不需要把每个年龄都显示出来。所以,我们需要创建数据桶:在"数据"选项卡中右击"年龄"字段,在右键快捷菜单中选择"创建"→"数据桶"选项,如图 8.7 所示。

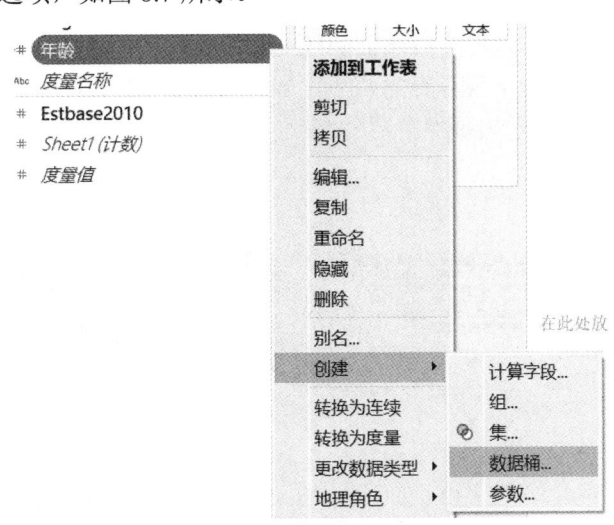

图 8.7 创建数据桶

在"编辑数据桶［年龄］"对话框中，我们将数据桶大小设置为 10，其余保持默认设置。此时，就得到了一个新的"年龄（数据桶）"字段，如图 8.8 所示。

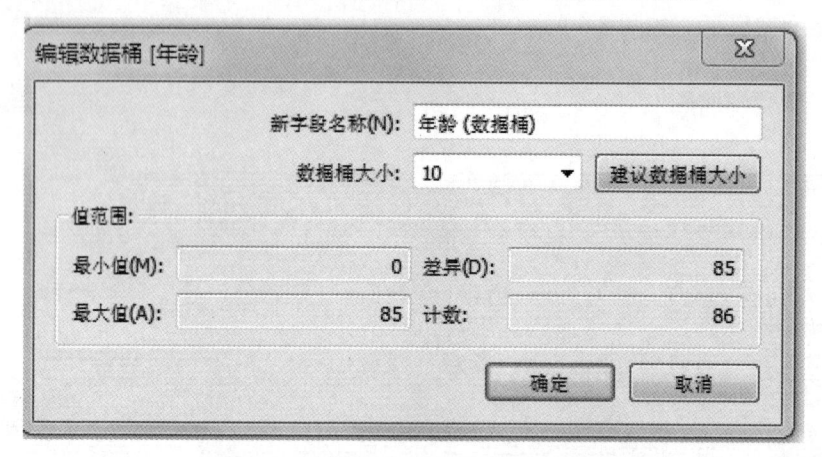

图 8.8　"编辑数据桶［年龄］"对话框

将"年龄（数据桶）"字段拖放到行功能区中，"Estbase2010"字段拖放到列功能区中，即可得到如图 8.9 所示的图形。

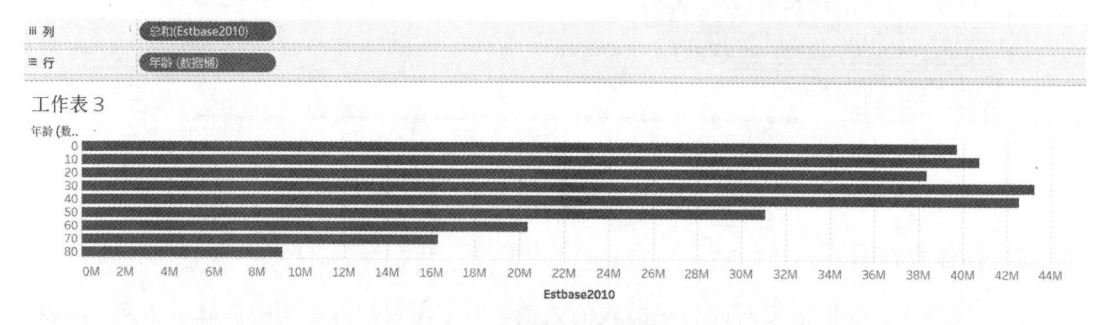

图 8.9　各年龄段的人数统计

3. 创建计算字段

下面我们需要将"Gender"字段添加到图 8.9 所示的图形中。此时，如果将"Gender"字段拖放到列功能区中，会出现分开的两个直方图，如图 8.10 所示。

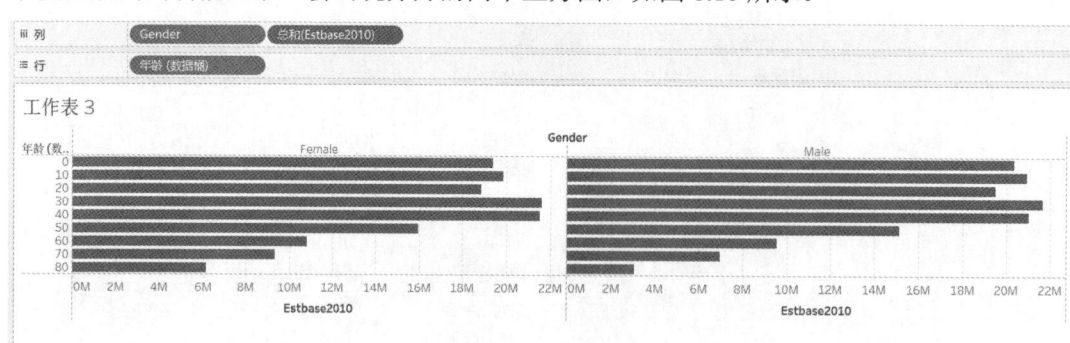

图 8.10　添加"Gender"字段后的图形

添加"Gender"字段后的图形无法很好地将男性和女性的人数进行对比显示,所以我们还要创建两个计算字段,分别用来表示男性人数和女性人数。

创建"男性人数"和"女性人数"计算字段分别如图8.11和图8.12所示。

```
男性人数    Sheet1 (人口数据)    ×

if [Gender] = "Male" then [Estbase2010] else 0 end
```

图8.11 创建"男性人数"计算字段

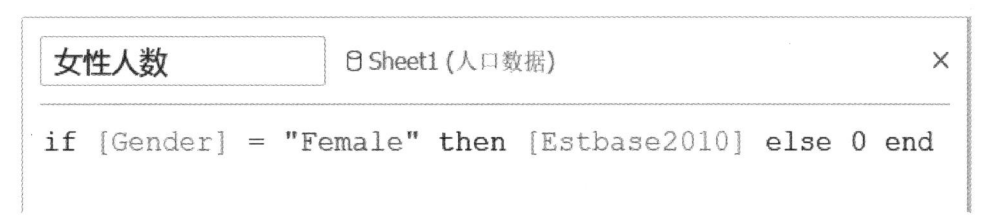

```
女性人数    Sheet1 (人口数据)    ×

if [Gender] = "Female" then [Estbase2010] else 0 end
```

图8.12 创建"女性人数"计算字段

4. 统计男性和女性在各年龄段的人数分布情况

清空图形区,利用创建的计算字段重新绘制图形。将"女性人数""男性人数"两个计算字段拖放到列功能区中,"年龄(数据桶)"字段拖放到行功能区中。

双击横轴,在出现的菜单中选择"编辑轴"选项,如图8.13所示。

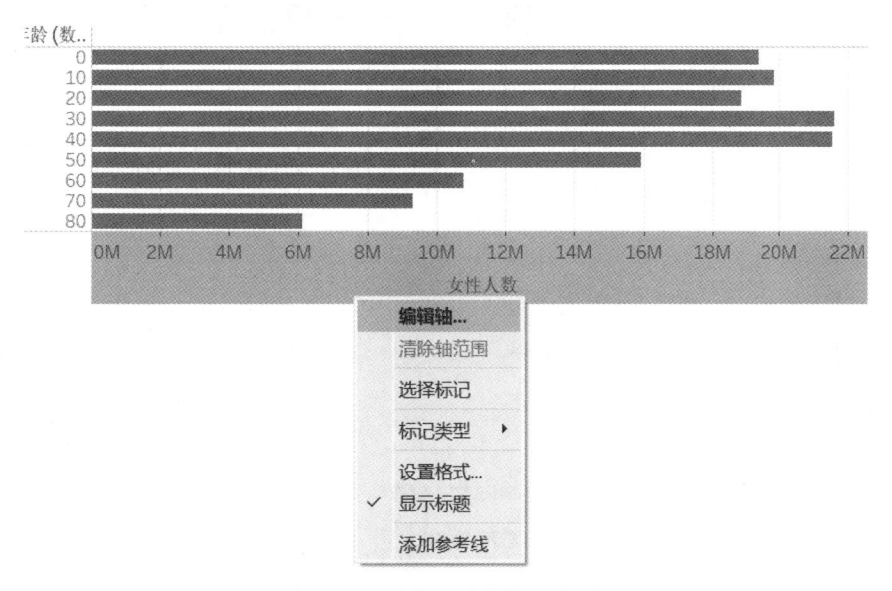

图8.13 选择"编辑轴"选项

在打开的"编辑轴[女性人数]"对话框的"比例"区中,勾选"倒序"复选框,如图8.14所示。

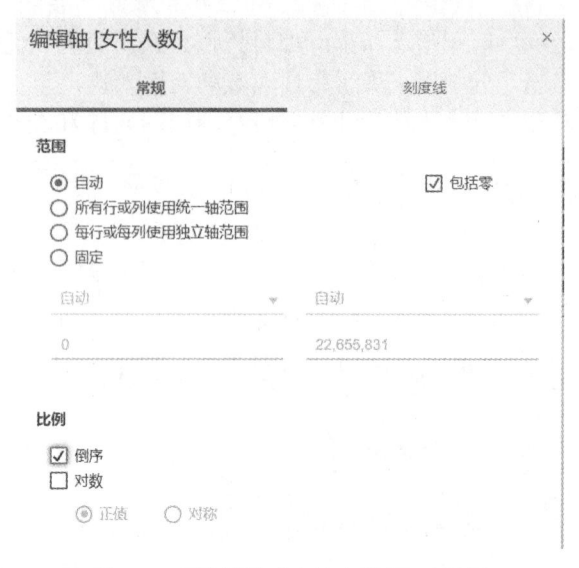

图 8.14 "编辑轴［女性人数］"对话框

各年龄段男性和女性的人数分布对比图如图 8.15 所示。

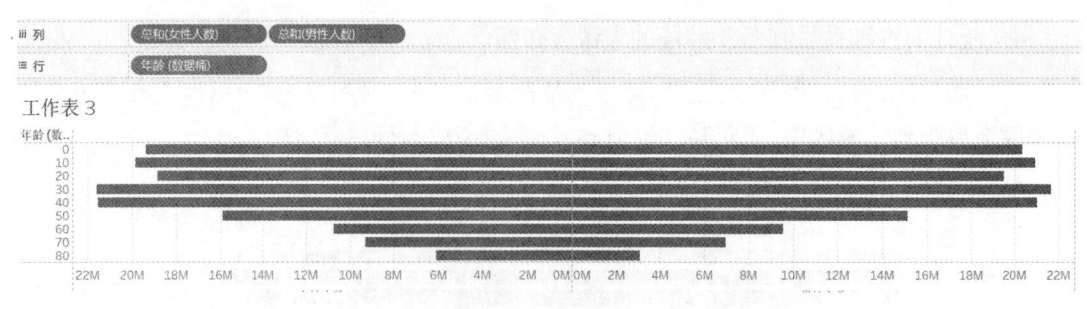

图 8.15 各年龄段男性和女性的人数分布对比图

图 8.15 的显示结果就是我们希望得到的对比图。为了使该对比图的信息更突出，我们还可以更改对比颜色。

经过上述操作后，可以发现在中间的"标记"卡中会出现"全部""总和（女性人数）""总和（男性人数）"3 个选项卡，如图 8.16 所示，可以单击任意其中一个选项卡来实现对应图形的切换。

图 8.16 3 个选项卡

单击"标记"卡中的"全部"选项卡，将"Gender"字段拖放置功能卡区的"颜色"中。

最后，在工具栏中选择"整个视图"图标使图形铺满整个视图。最终的各年龄段男性和女性的人数分布旋风图如图 8.17 所示。

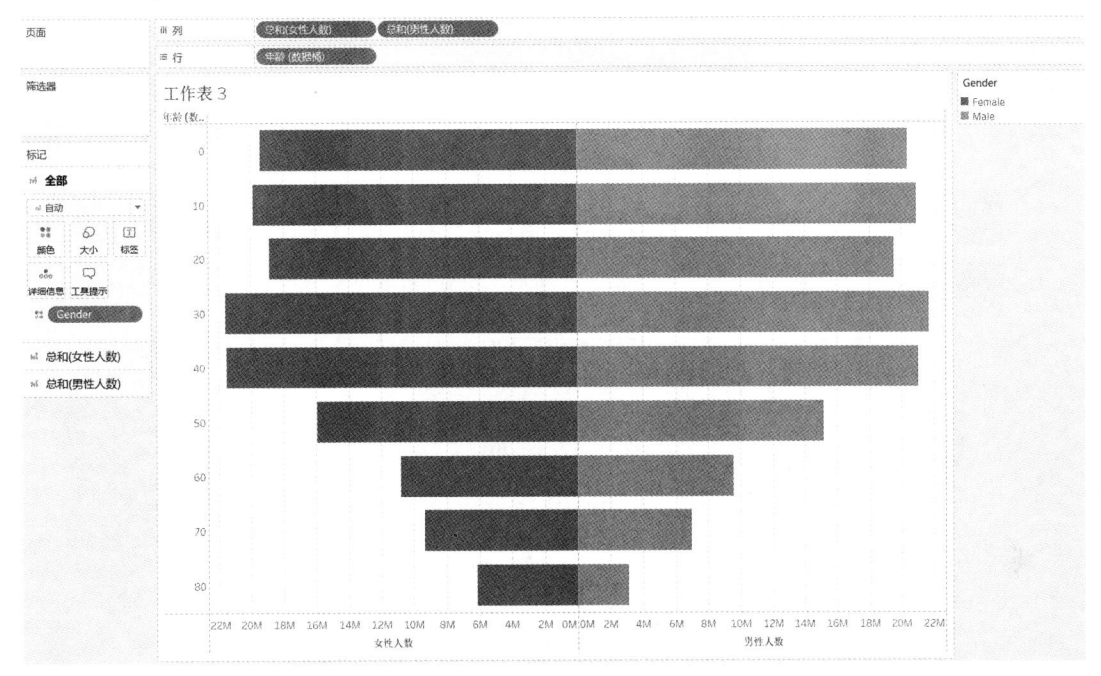

图 8.17　最终的各年龄段男性和女性的人数分布旋风图

补充操作：我们还可以对"年龄（数据桶）"字段做降序处理，如图 8.18 所示，从而得到如图 8.19 所示的图形（这种图形被称为金字塔图）。金字塔图属于一种特殊的旋风图。

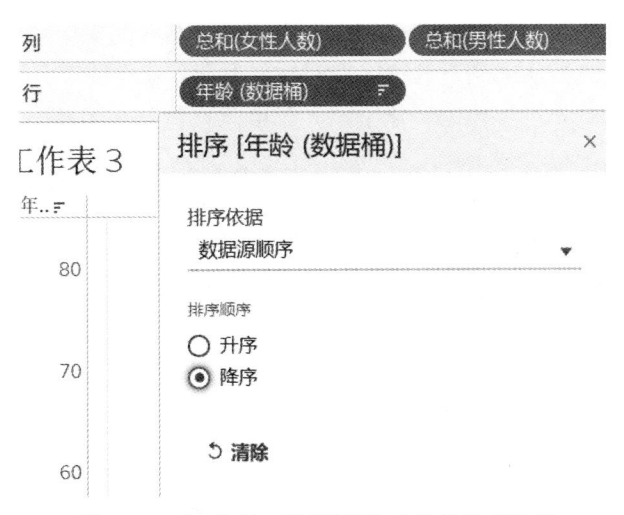

图 8.18　对"年龄（数据桶）"字段做降序处理

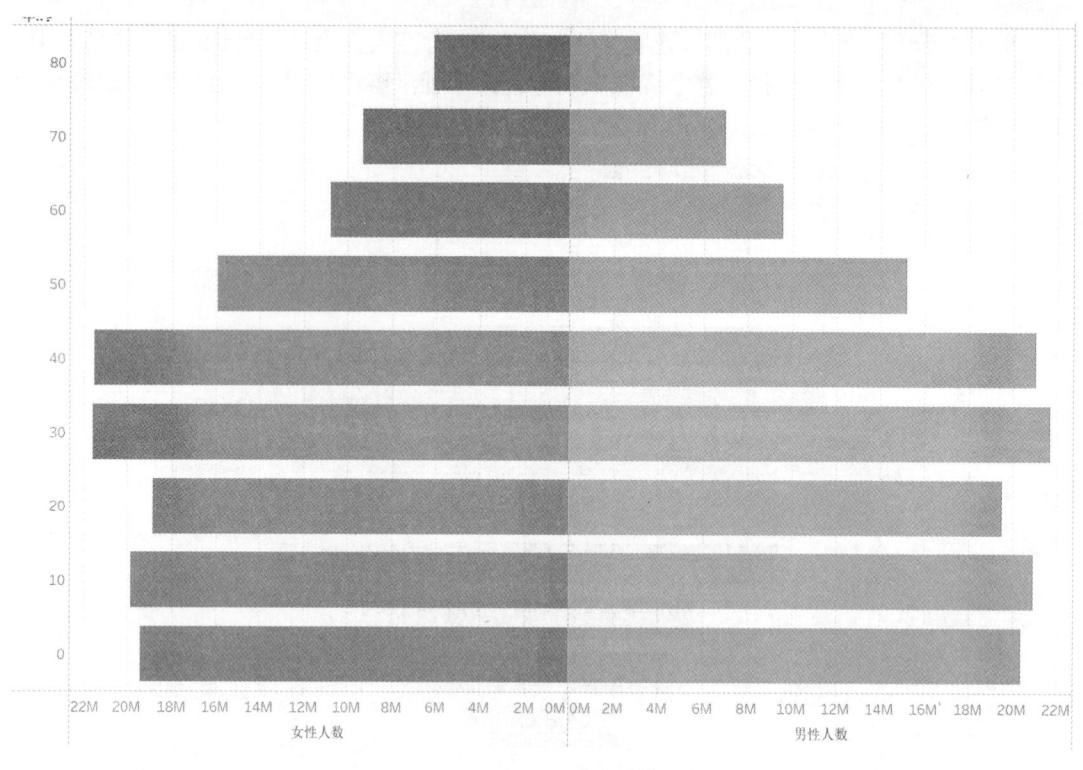

图 8.19　各年龄段男性和女性的人数分布金字塔图

8.2　漏斗图

漏斗图适用于比较规范、周期长、环节多的业务流程单向分析。通过漏斗图各环节业务数据的比较，能够直观地发现问题，进而做出决策。漏斗图是用图形面积表示某个环节业务数据的。漏斗图是按从上到下的顺序直观地展现业务流程的。

漏斗图常用于计算不同阶段的转化率，并在电商、营销、客户关系处理等领域得到广泛运用。

案例：导入"流量转化数据.xlsx"，创建流量转化漏斗图。

将"阶段"字段拖放到行功能区中，"数量"拖放到列功能区中，然后将"阶段"拖放到功能卡区的"颜色"中，最后在工具栏中选择"整个视图"图标即可得到如图 8.20 所示的图形。

在工作表界面的右侧，有一个"阶段"选项卡。我们可以通过拖动"阶段"选项卡上对应的文字调整图 8.22 所示图形中数据条的排序，如图 8.21 所示。排序后的图形如图 8.22 所示。

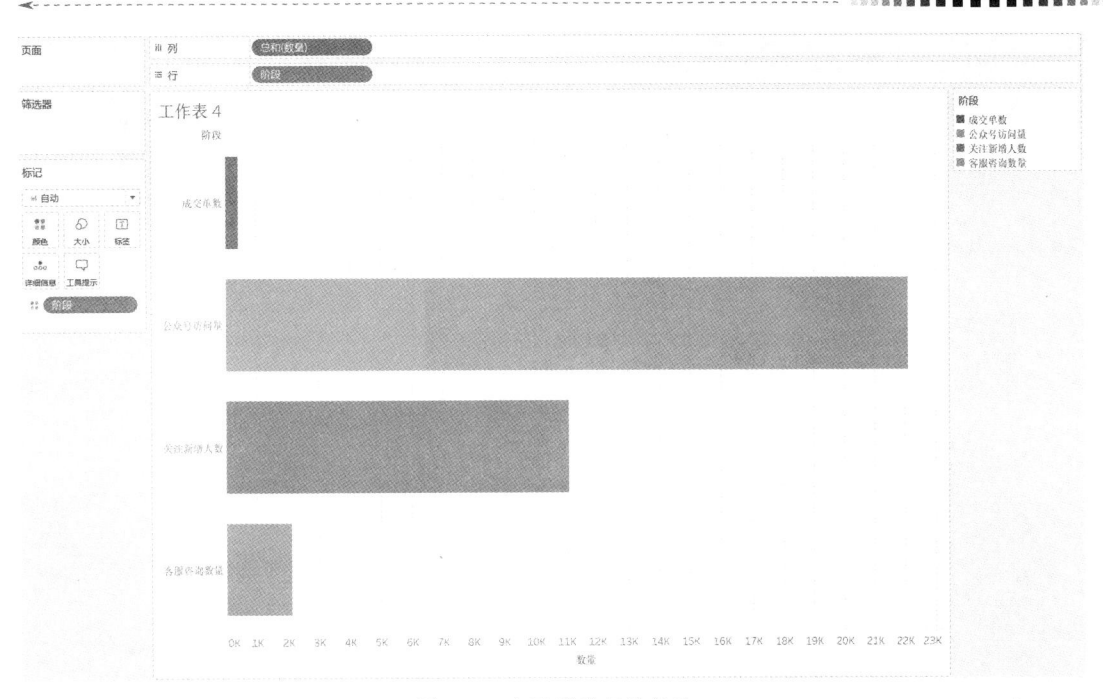

图 8.20　各阶段数量的统计

图 8.21　调整数据条的排序

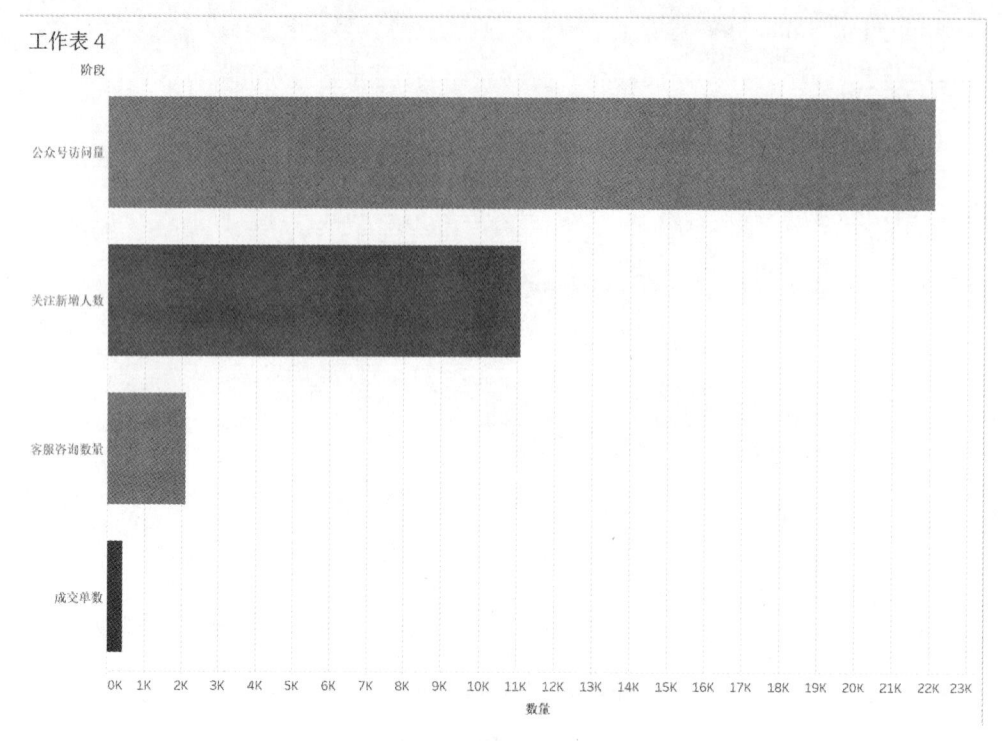

图 8.22 排序后的图形

选中列功能区中的"总和（数量）"字段，按住"Ctrl"键及鼠标左键通过拖动鼠标复制第二个图形，如图 8.23 所示。

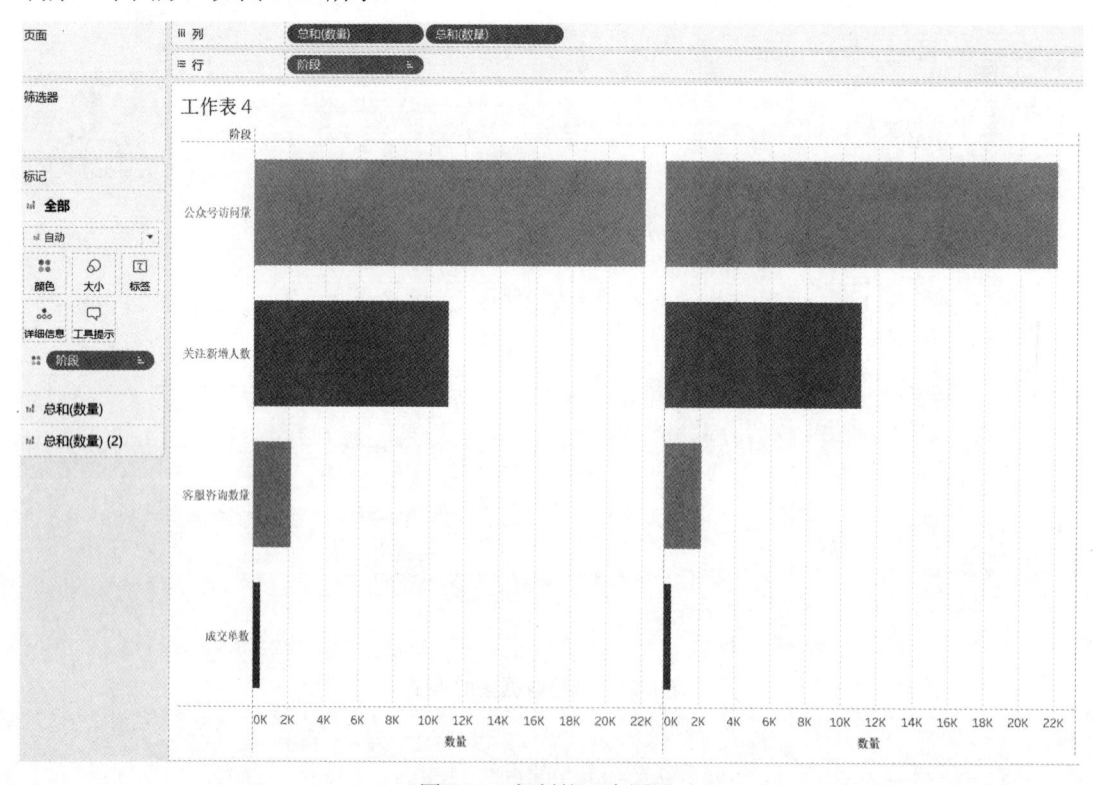

图 8.23 复制第二个图形

此时，在工作表界面中会出现两个一模一样的图形。在"标记"卡中会出现"全部""总（数量）"和"总和（数量）(2)"3个选项卡。选择其中的"总和（数量）(2)"选项卡，同时在"标记"卡的下拉列表中选择"线"选项，如图8.24所示。

图 8.24 将图形改为线

此时，出现如图 8.25 所示的图形。

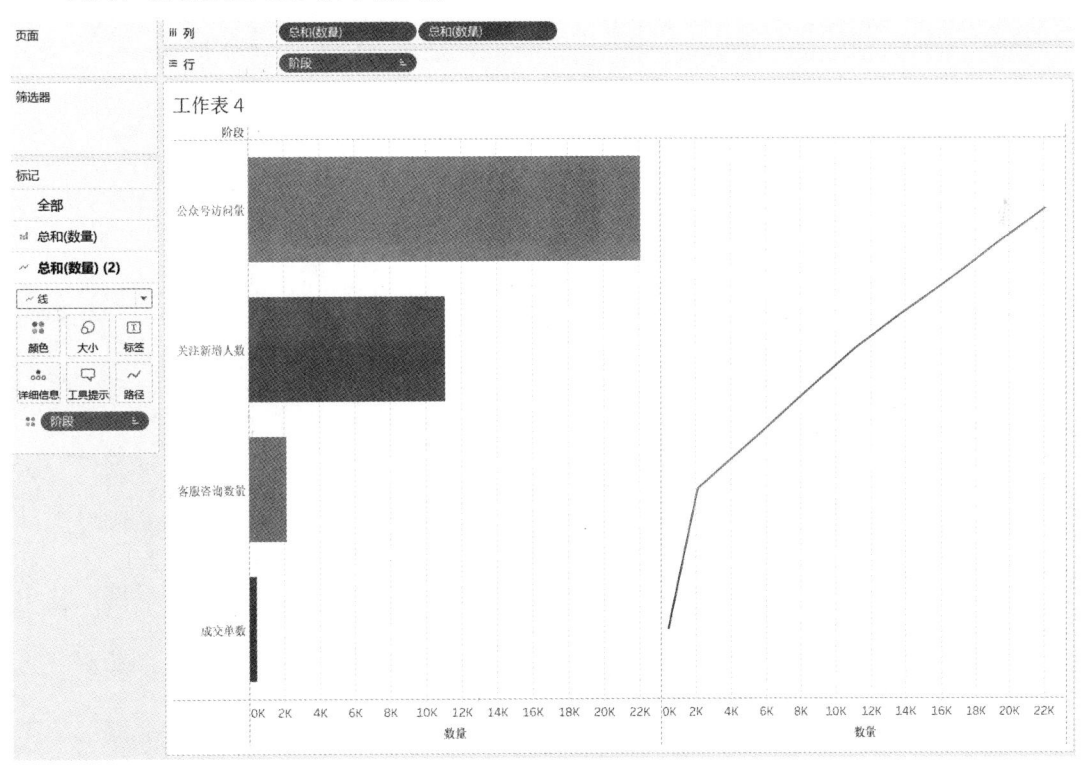

图 8.25 更改后的图形

接下来，将图 8.25 中的两个图形拼接在一起。右击列功能区中第二个"总和（数量）"字段，在出现的菜单中选择"双轴"选项，如图 8.26 所示。设置双轴后的图形如图 8.27 所示。

图 8.26　设置为双轴

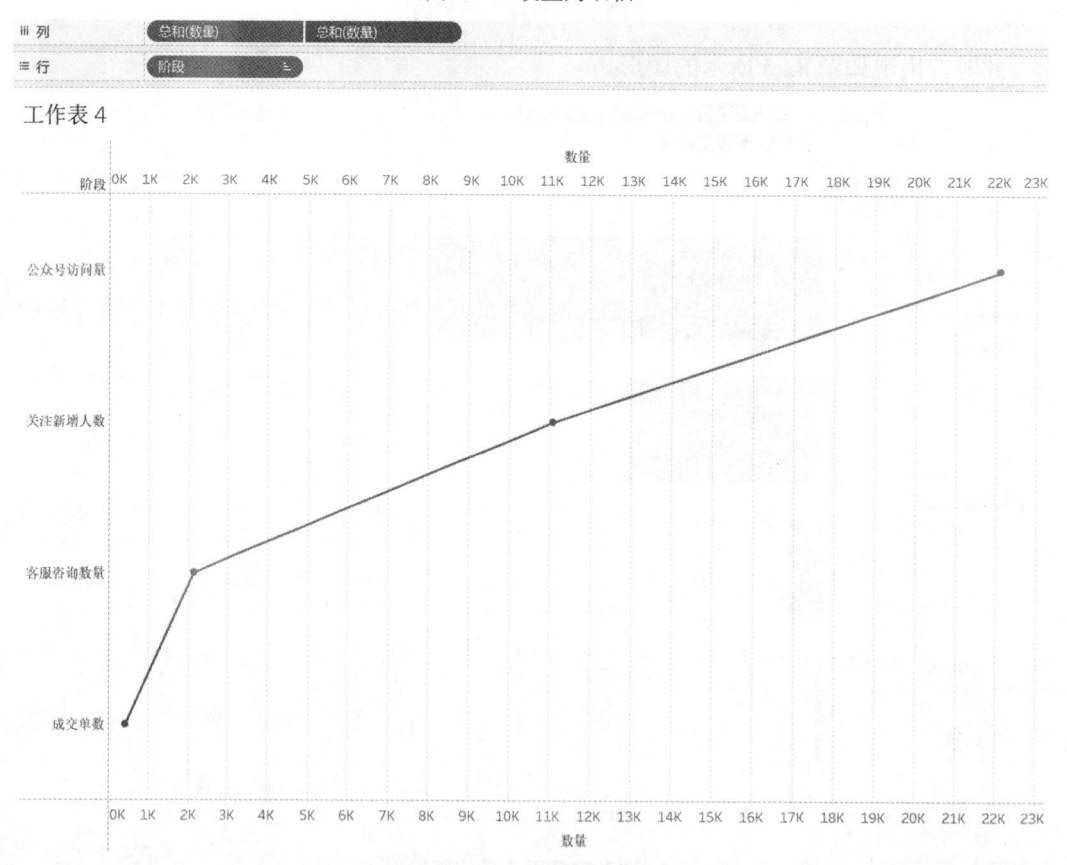

图 8.27　设置双轴后的图形

在"标记"卡中,选择"总和(数量)"选项卡,同时在"标记"卡的下拉列表中选择"条形图"选项,将第一个图形恢复为条形图,如图 8.28 所示。更改后的图形如图 8.29 所示。

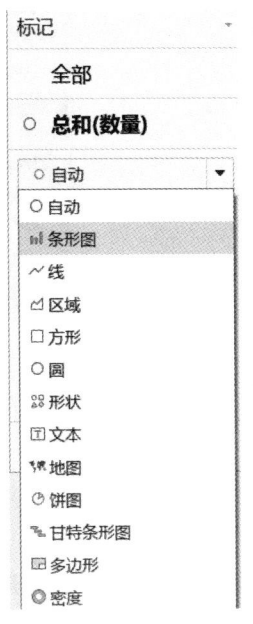

图 8.28　恢复第一个图形为条形图

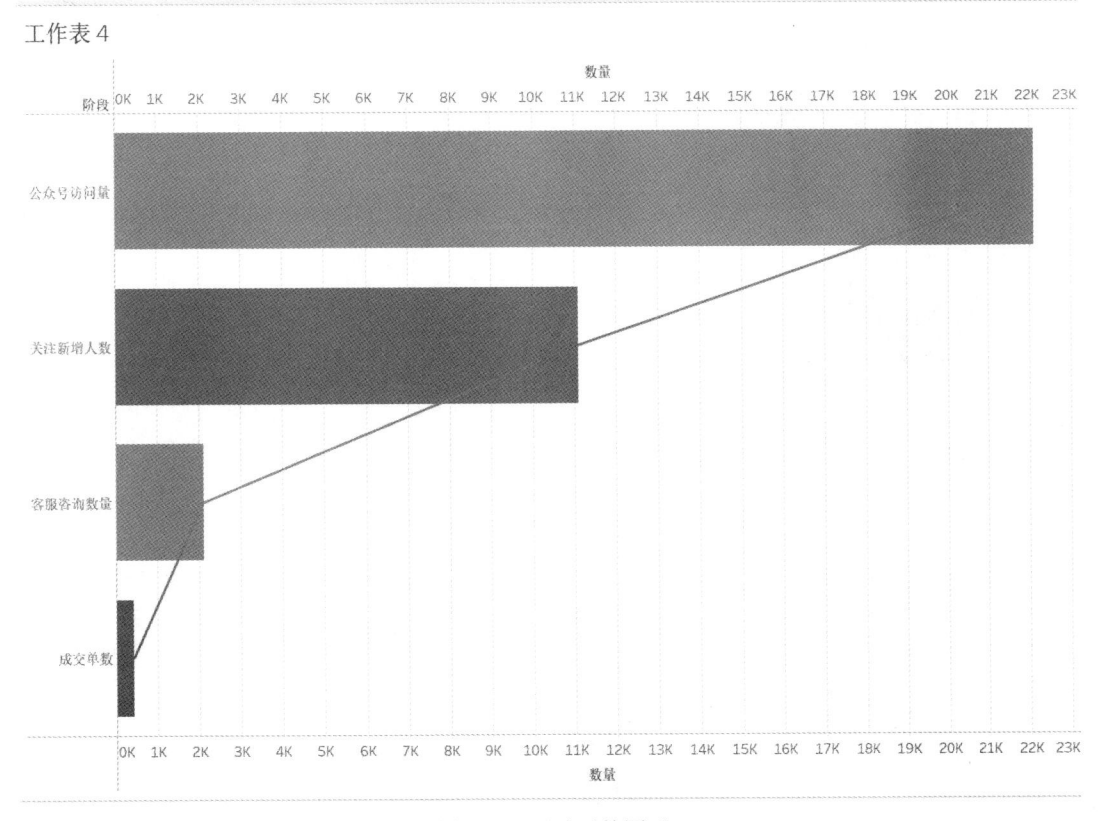

图 8.29　更改后的图形

右击第一个图形底部（或者上部），在出现的菜单中选择"同步轴"选项，使图形区这两个图形的轴同步，如图 8.30 所示。

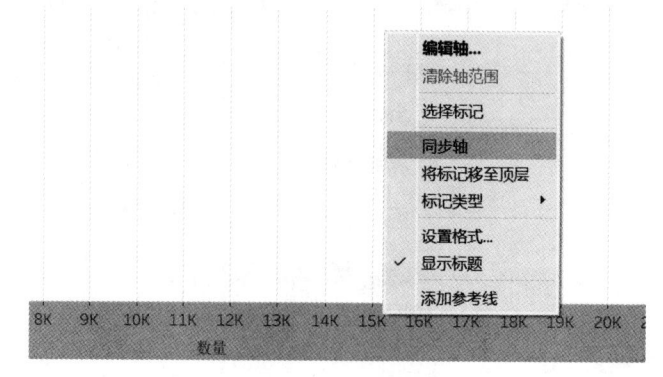

图 8.30　设置同步轴

到目前为止，我们创建了漏斗图的一半图形。接下来按照之前的操作步骤创建漏斗图的另一半图形。

选中列功能区中的"总和（数量）"字段，按住"**Ctrl**"键及鼠标左键通过拖动鼠标形成第三个和第四个图形，如图 8.31 所示。

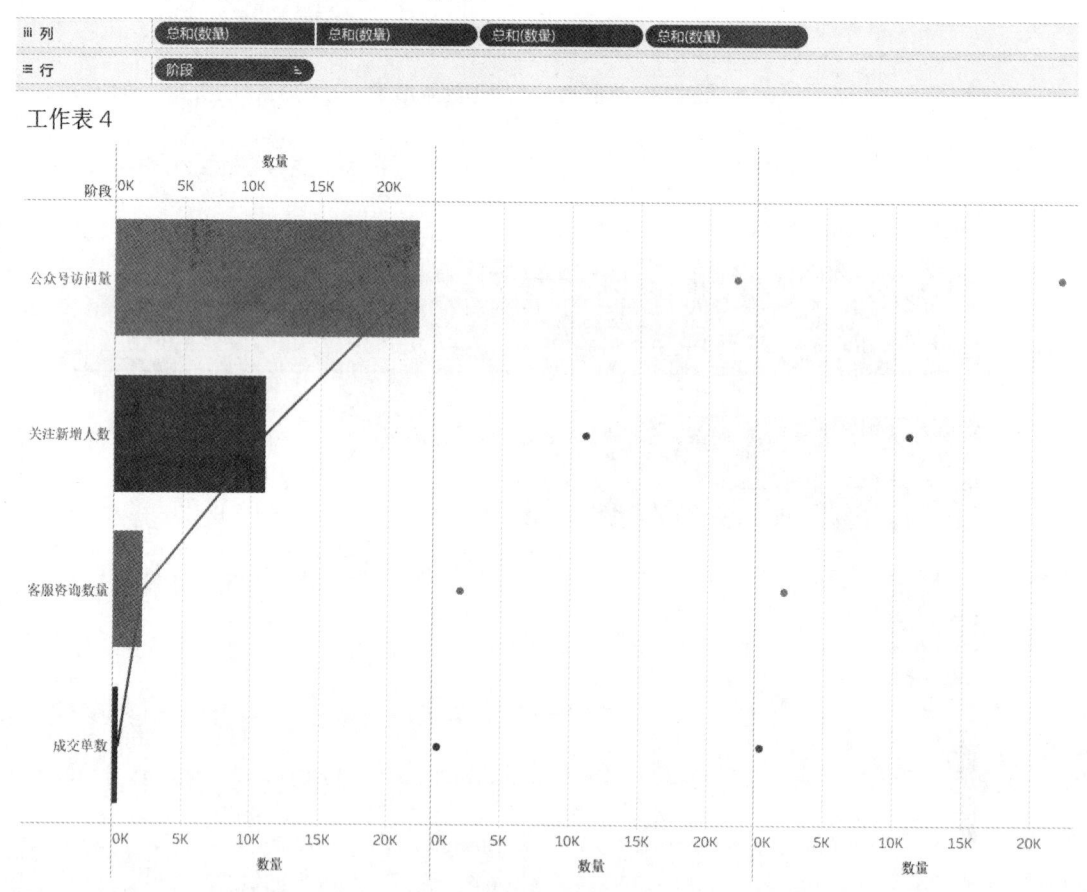

图 8.31　创建另一半图形

重复之前的操作步骤,将第三个图形调整为条形图,第四个图形调整为线。如图 8.32 所示。

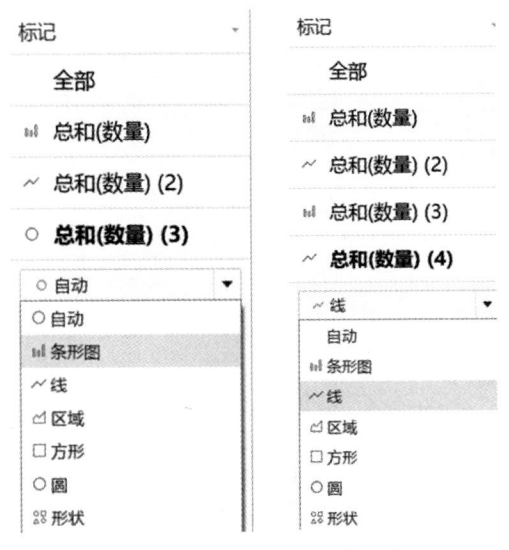

图 8.32　分别更改图形的形状

右击第四个图形底部(或者上部),在出现的菜单中选择"同步轴"选项,此时就得到了如图 8.33 所示的图形。

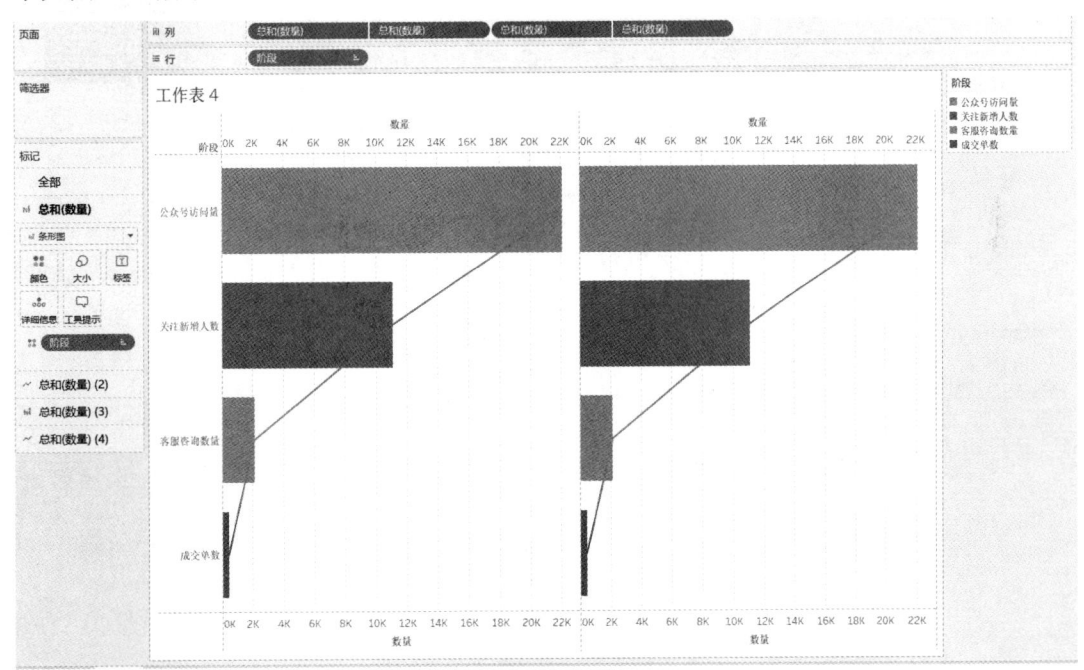

图 8.33　设置完成后的图形

双击第一个和第二个图形底部的横轴,在出现的菜单中选择"编辑轴"选项。在打开的"编辑轴[数量]"对话框的"比例"区中,勾选"倒序"复选框,如图 8.34 所示。最终得到如图 8.35 所示的漏斗图雏形。

编辑轴 [数量]

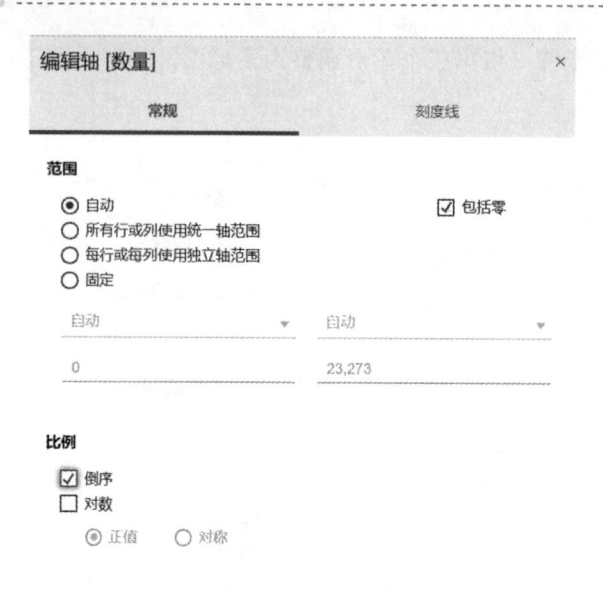

常规　　　　　　　刻度线

范围
- ● 自动
- ○ 所有行或列使用统一轴范围
- ○ 每行或每列使用独立轴范围
- ○ 固定

☑ 包括零

自动　　　　　　　自动
0　　　　　　　　23,273

比例
- ☑ 倒序
- ☐ 对数
  - ● 正值　　○ 对称

图 8.34　设置倒序

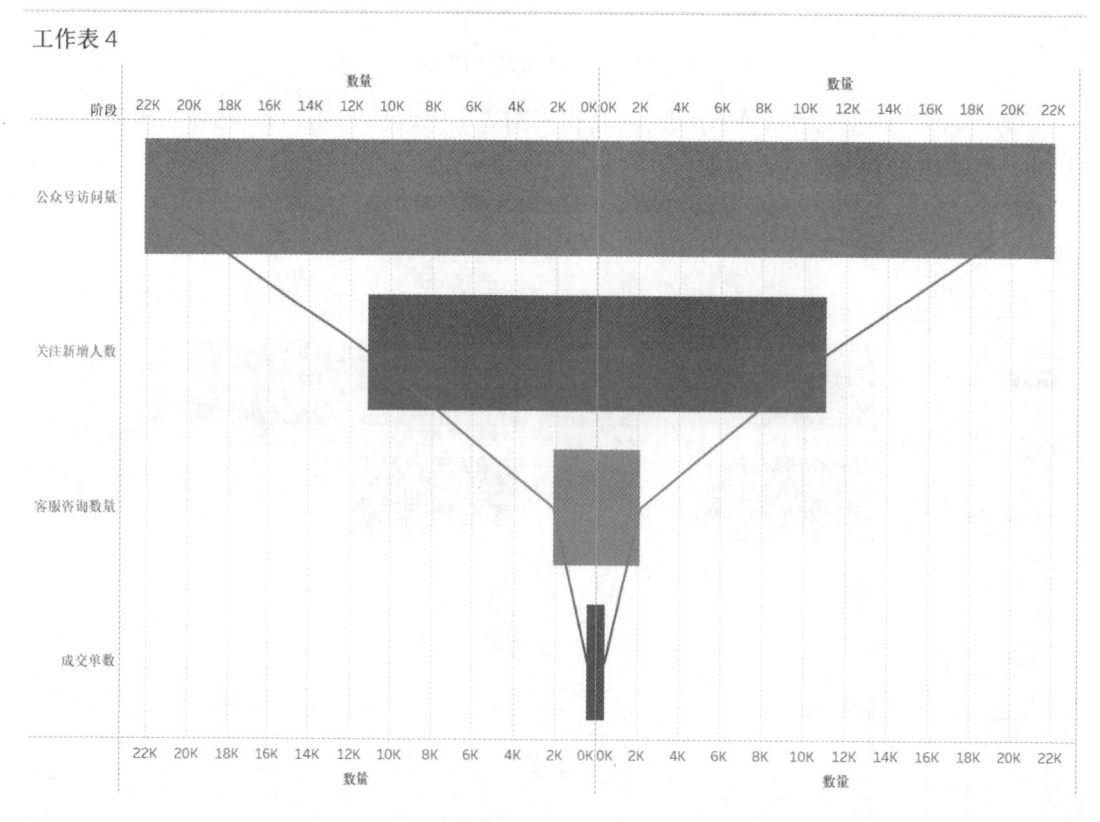

图 8.35　漏斗图雏形

通过上述一系列操作后，漏斗图已经初具雏形。我们还需要对它进行以下一些细节处理。

（1）设置图形的格式。

右击图形左侧标题，在出现的菜单中取消对"显示标题"选项的"勾选"；同理右击图形上侧标题，在出现的菜单中取消对"显示标题"选项的"勾选"，只留下图形底部标签，如图 8.36 所示。

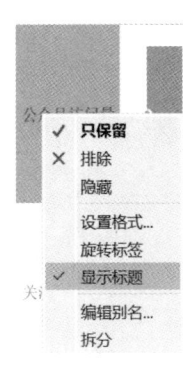

图 8.36　取消标题的显示

右击图形区域，在出现的菜单中选择"设置格式"选项，如图 8.37 所示。

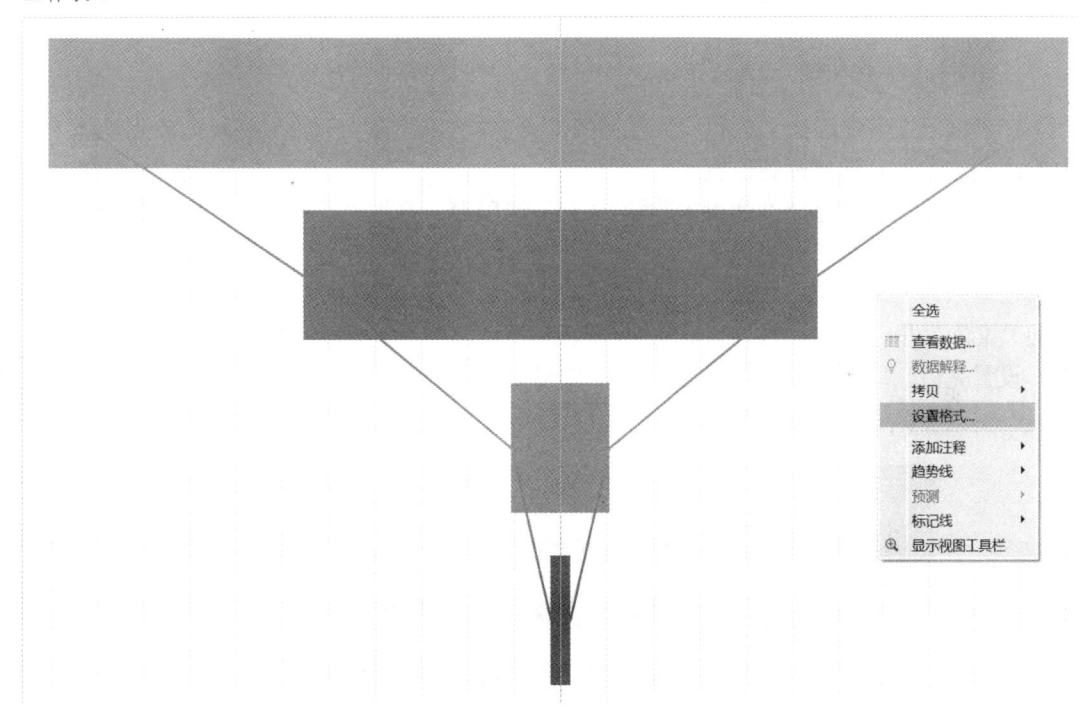

图 8.37　设置图形的格式

此时，会出现一个"设置格式"选项卡。在"设置格式"选项卡中，选择"边界"图标，则出现如图 8.38 所示的对话框。

在图 8.38 中，在"行分隔符"区的"区"下拉列表中选择"无"选项，如图 8.39 所示；同样，在"列分隔符"区的"区"下拉列表中选择"无"选项。

（2）添加标签名称。

在"标记"卡中选择"总和（数量）"选项卡，并将"阶段"字段拖放到功能卡区中的"颜色"里。

图 8.38　设置边界格式　　　图 8.39　设置行分隔符

在"标记"卡中选择"总和（数量）（2）"选项卡，并将"阶段"字段拖放到功能卡区中的"文本"里，调整标签位置。

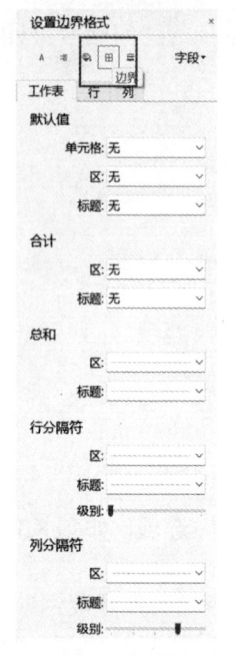

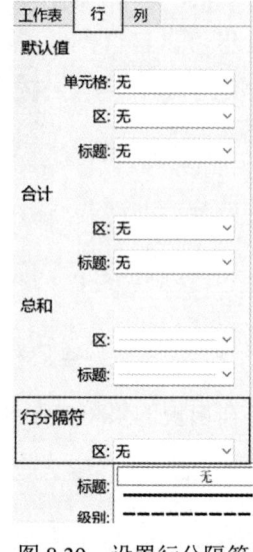

在"标记"卡中选择"总和（数量）（3）"选项卡，并将"数量"字段拖放到功能卡区中的"文本"里，调整标签位置。

在"标记"卡中选择"总和（数量）（4）"选项卡，并将"数量"字段拖放到功能卡区中的"文本"里，调整标签位置。

设置完后，即可得到如图 8.40 所示的图形。

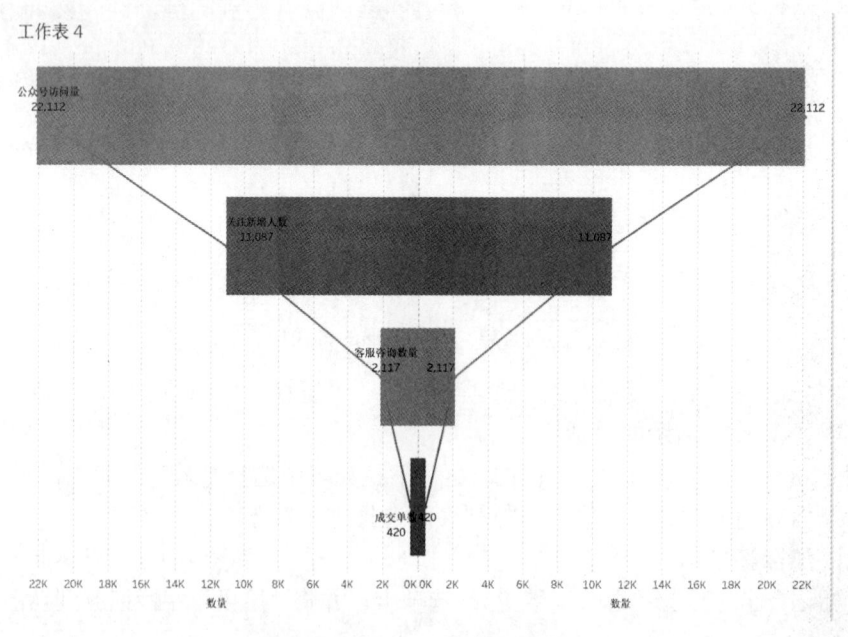

图 8.40　添加文本信息后的图形

(3) 设置表计算。

在"标记"卡的"总和(数量)(2)"选项卡中,选中"数量"字段并右击,在出现的菜单中选择"添加表计算"选项。在打开的"表计算"对话框中,在"计算类型"下拉列表中选择"百分比"选项,在"计算依据"下拉列表中选择"表(向下)"选项,在"相对于"下拉列表中选择"第一个"选项,如图8.41所示。

图 8.41 添加表计算

在"标记"卡的"总和(数量)(4)"选项卡中,选中"数量"字段并右击,在出现的菜单中选择"添加表计算"选项。打开"表计算"对话框,在"计算类型"下拉列表中选择"百分比"选项,在"计算依据"下拉列表中选择"表(向下)"选项,在"相对于"下拉列表中选择"上一个"选项,如图8.42所示。

请思考:这两个百分比所表示的含义是什么?

分析结论:约 2%的公众号访问量转换为成交单数,约 20%的客服咨询数量转换为成交单数。

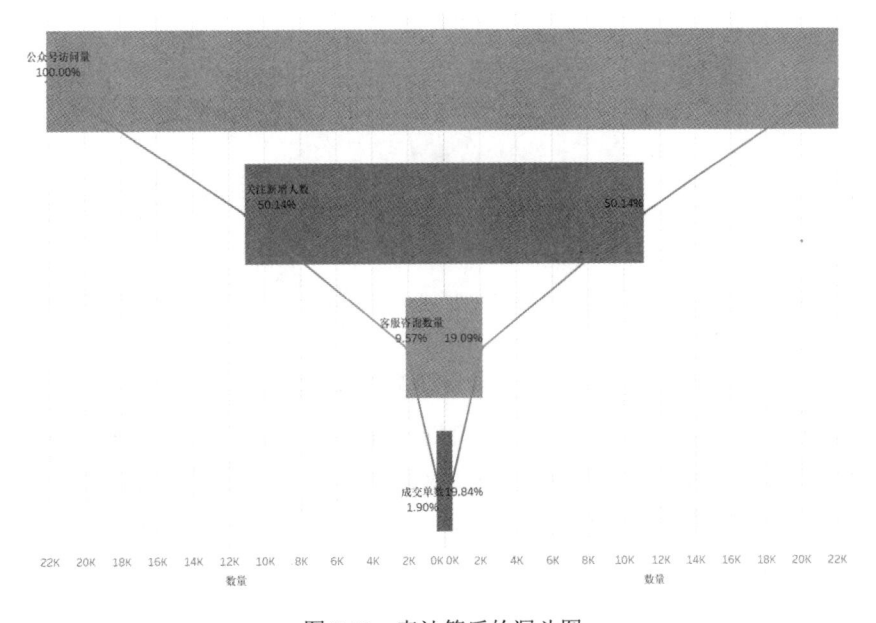

图 8.42 表计算后的漏斗图

最后，通过数字格式设置将百分比值四舍五入为整数。

对功能卡区"文本"里的"总和（数量）"字段进行数字格式设置，如图 8.43 所示。

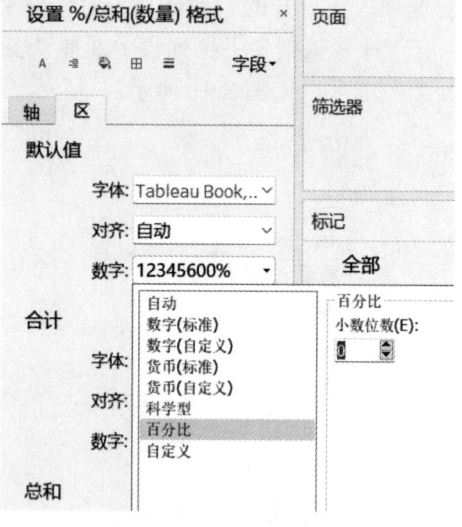

图 8.43　数字格式设置

最终的流量转换图如图 8.44 所示。

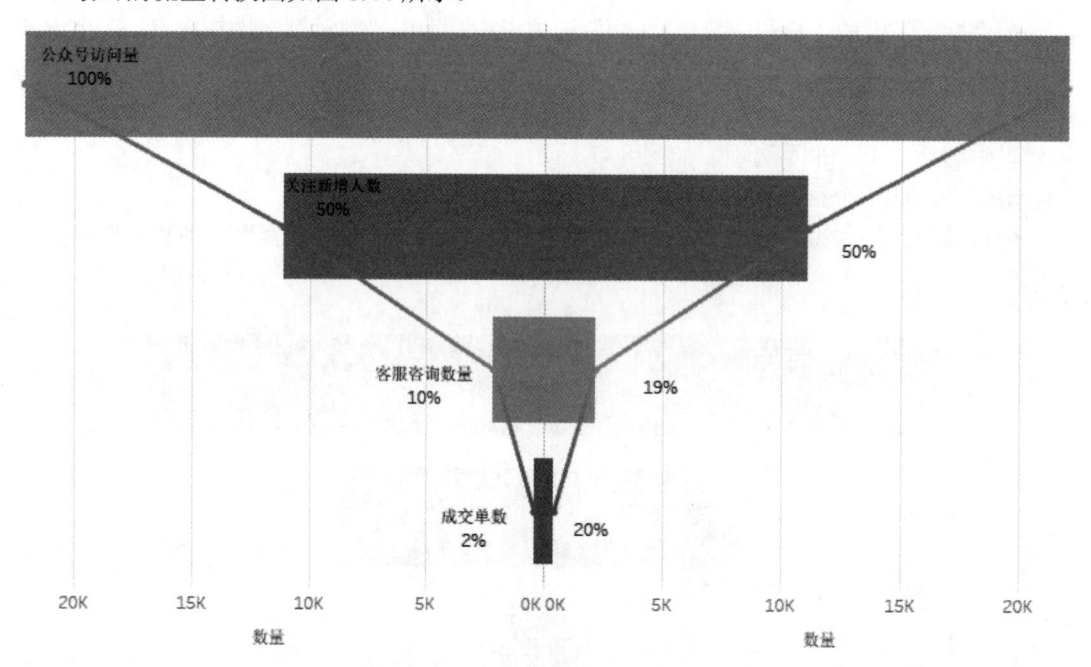

图 8.44　最终流量转换漏斗图

从图 8.44 中可以得出，50%的公众访问量转换为关注新增人数，10%的公众访问量转换为客服咨询数量，2%的公众访问量转换为成交单数，19%的关注新增人数转换为客服咨询数量，20%的客服咨询数量转换为成交单数。

8.3 盒须图

盒须图又称箱形图、箱线图或盒式图,是一种统计图,用于显示一组数据的分布情况。

盒须图的主要特点是能够直观地显示数据的最大值、最小值、中位数,以及上、下四分位数。因此,它能够不受异常值影响地显示数据的离散分布情况。此外,盒须图还可以用于比较多组数据分布特征,以及识别数据中的异常值。在数据质量管理、人事测评和探索性数据分析等领域,盒须图有着广泛的应用。

案例:导入"酒店数据.xlsx",选择里面的"酒店数据"表,创建各地区酒店均价盒须图。

在此案例中,需要用到"地区""价格"两个字段。

首先,将"地区"字段拖放到列功能区中,"价格"字段拖放到行功能区中,将"价格"字段的度量改为"平均值",并在"标记"卡的下拉列表中选择"圆"选项,即可得到如图 8.45 所示的图形。

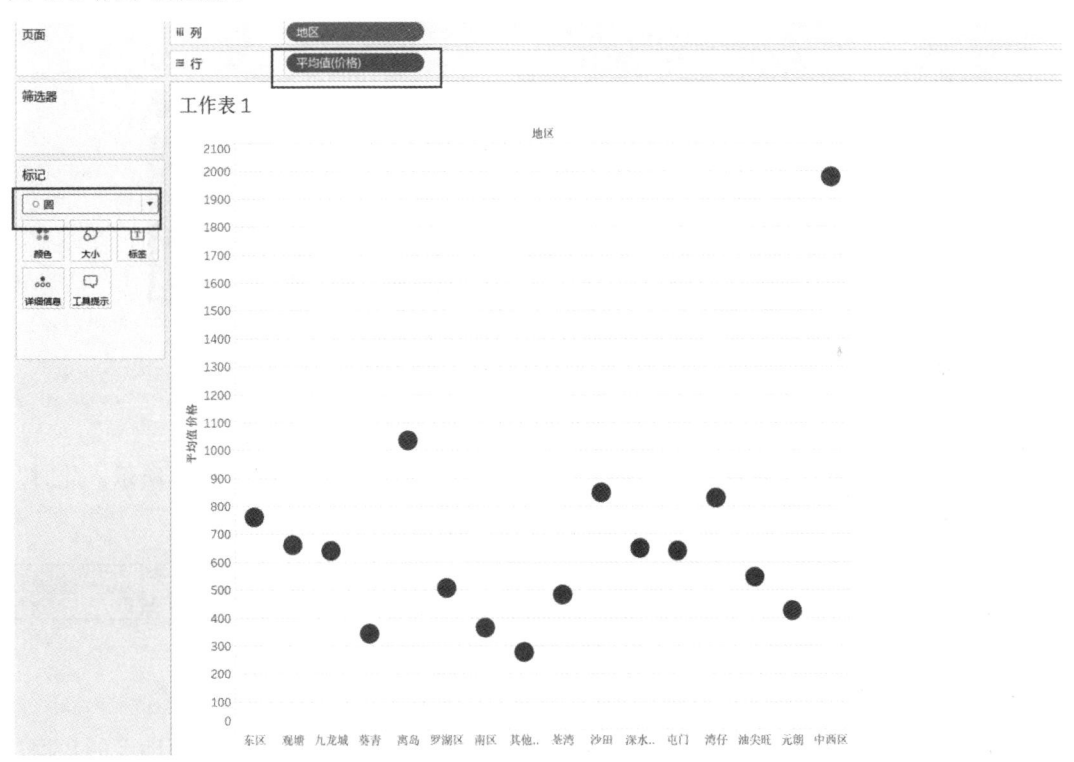

图 8.45 显示各地区酒店均价的图形

在菜单栏的"分析"菜单中,取消对"聚合度量"选项的勾选,如图 8.46 所示。

图 8.46 取消聚合度量

取消聚合计算后的图形如图 8.47 所示。对比图 8.45 与图 8.47 可以发现，行功能区中的"平均值（价格）"字段的聚合计算被自动取消了。

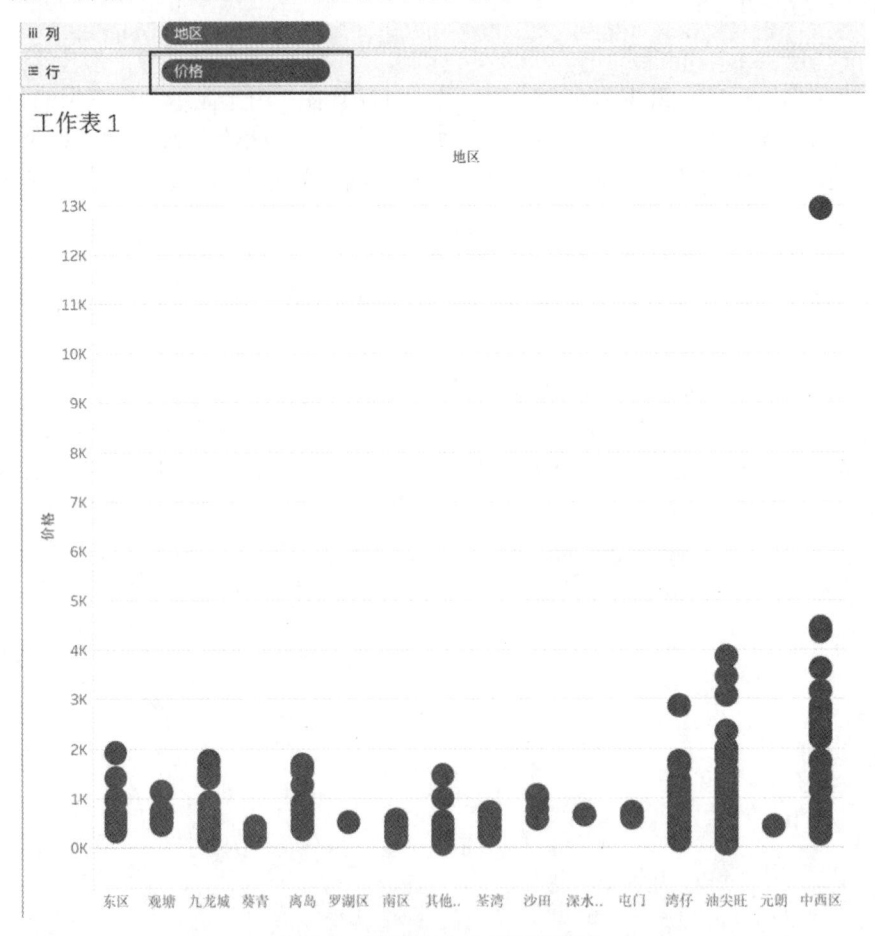

图 8.47　取消聚合计算后的图形

在工具栏右侧的"智能推荐"选择卡中选择"盒须图"选项，如图 8.48 所示。此时，出现如图 8.49 所示的图形。

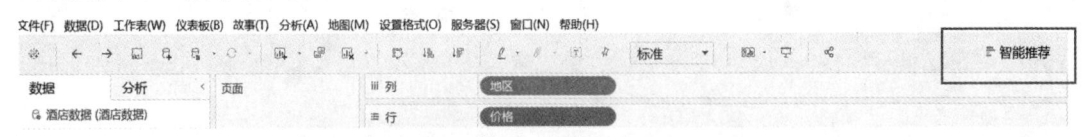

图 8.48　"智能推荐"选择卡

图 8.49 中有比较窄的数据，比如葵青、罗湖区、深水埗、屯门、元朗等地区的数据。在数据源里，这些地区的酒店数量过少，并不适合使用盒须图分析。

下面要排除一些酒店数量过少的地区。将"地区"拖放到"筛选器"，在出现的"筛选器［地区］"对话框中，设置按字段筛选酒店数量前 6 的地区，如图 8.50 所示。

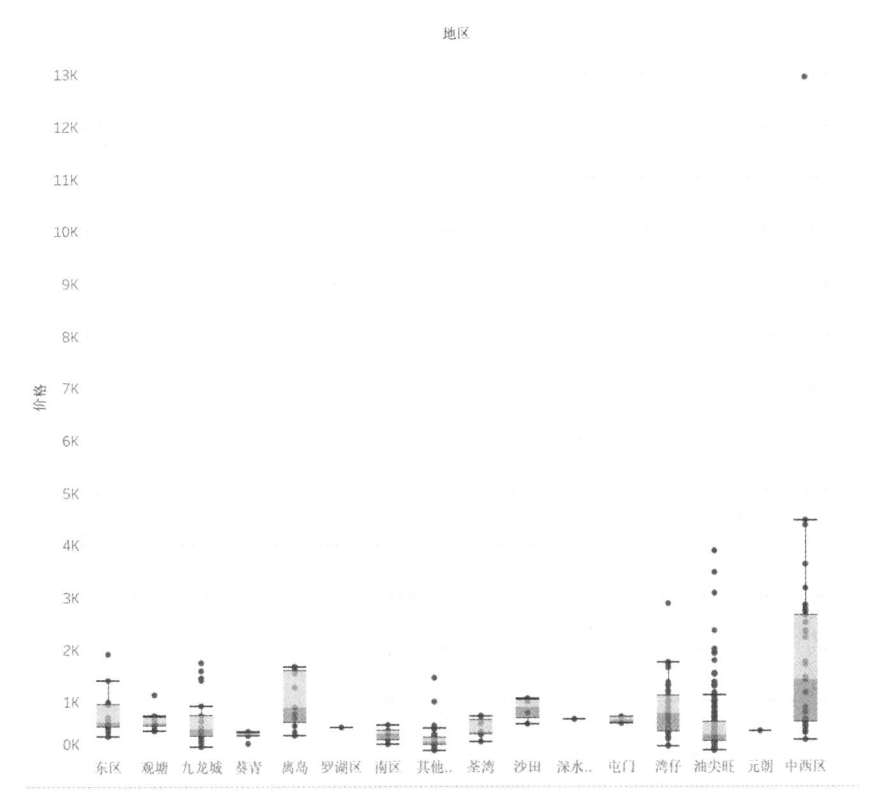

图 8.49 各地区酒店均价盒须图

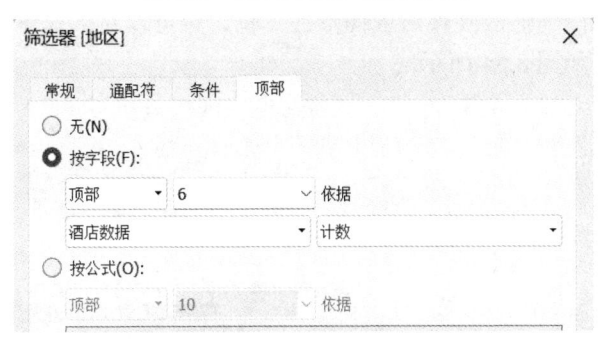

图 8.50 筛选出酒店数量前 6 的地区

在图 8.49 中，将"其他地区"数据排除掉，如图 8.51 所示。在工具栏中，选择"整个视图"图标即可让图形铺满整个视图，最终得到如图 8.52 所示的盒须图。

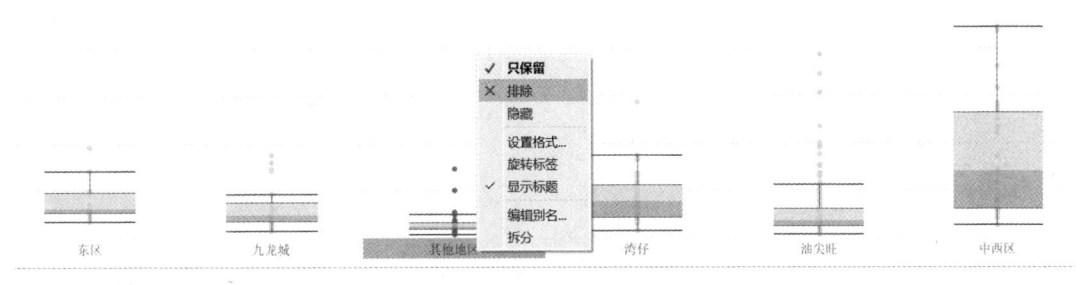

图 8.51 排除"其他地区"

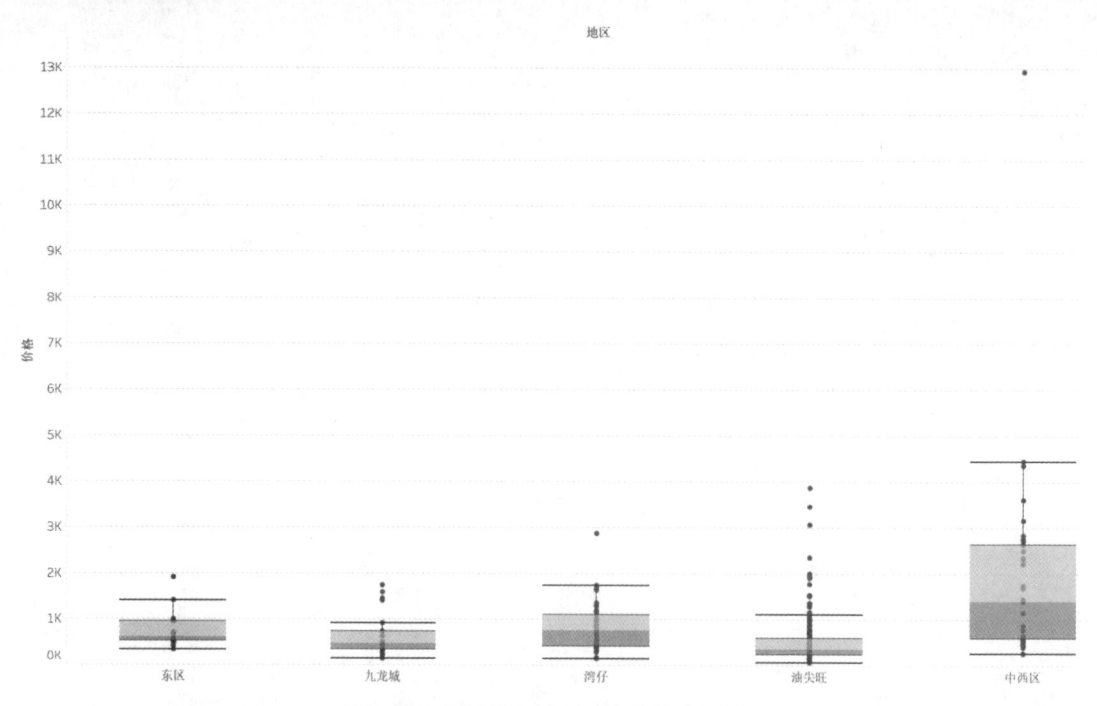

图 8.52　最终的各地区酒店均价盒须图

补充操作：可以对现有的盒须图进行编辑。右击单个图像，在出现的菜单中选择"编辑"选项，如图 8.53 所示。在出现的"编辑参考线、参考区间或框"对话框的"绘图选项"里设置数据的最大范围，然后观察对应图形的变化，也可以对格式设置进行更改，比如设置样式、填充色等，如图 8.54 所示。

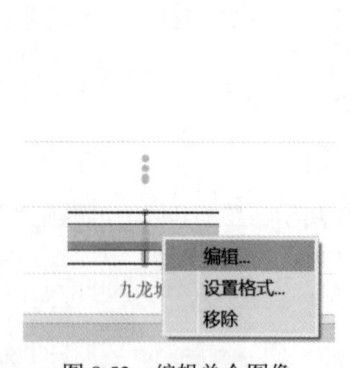

图 8.53　编辑单个图像　　　　　　　图 8.54　编辑盒须图

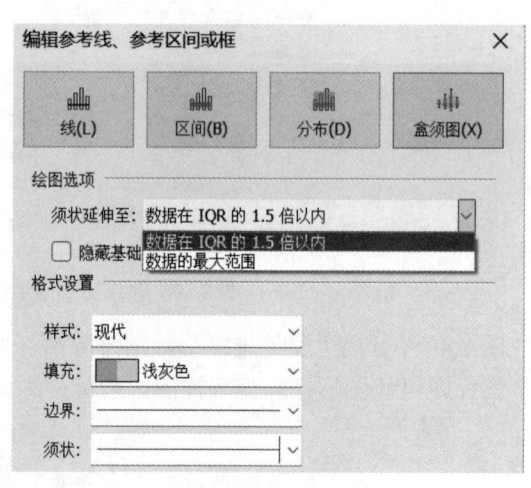

练习案例

（1）导入"电影数据"表，创建中美两国不同年代电影产量对比旋风图，选择年代创建数据桶，图形纵轴按照年代降序排列，分析并导出图像。

提示：

① 将“年代”改为整数。

② Tableau 是不支持 if 语句下赋值聚合值的。如果想创建“中国电影数量”字段（公式如图 8.55 所示）和“美国电影数量”字段，需要先创建一个非聚合的数量字段，如图 8.56 所示。

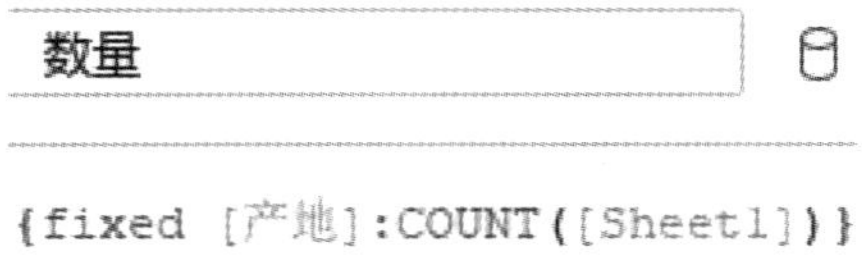
数量
{fixed [产地]:COUNT([Sheet1])}

图 8.55　创建非聚合的“数量”字段

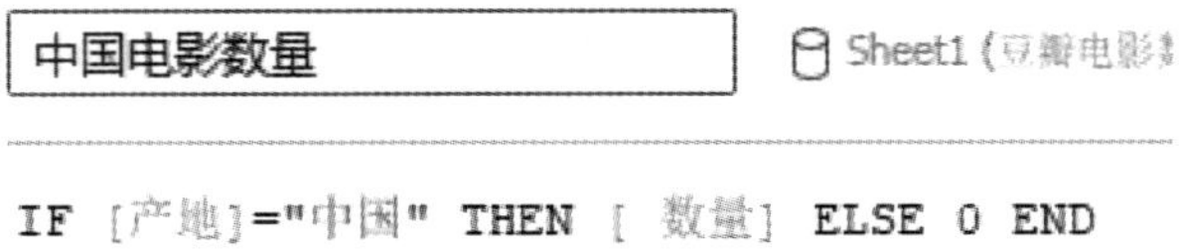
中国电影数量
Sheet1
IF [产地]="中国" THEN [数量] ELSE 0 END

图 8.56　创建“中国电影数量”字段

（2）导入“成交量转化数据”表，创建漏斗图，并分析数据，导出图像。

（3）使用“电影数据”表，通过箱线图分析不同产地电影评分平均值的分布情况，导出图像。

第 9 章 仪表板

本章相关知识点：
- ✓ 各类图形的制作
- ✓ 仪表板的构建
- ✓ 仪表板功能分析

9.1 仪表板基本操作

前面一直介绍的是工作表，以及如何在工作表中绘制图形。在 Tableau 中，还可以创建仪表板。在工作表界面的左下角，直接单击"仪表板"图标即可新建仪表板，如图 9.1 所示。

图 9.1 新建仪表板

仪表板是显示在单一位置的多个工作表、图形和支持信息的集合，便于同时比较和监视各种数据。同时，还可以在仪表板上添加筛选器、突出显示等，以实现关联数据的交互分析和展示。

仪表板界面大体可分为 3 个部分，分别为视图区、"仪表板"选项卡、"布局"选项卡，如图 9.2 所示。

- ✓ 视图区：用来显示整个仪表板。
- ✓ "仪表板"选项卡：用来设置"大小"区、"工作表"区、"对象"区、布局方式等内容。
- ✓ "布局"选项卡：用来设置"位置""边界""背景""边距"等内容。

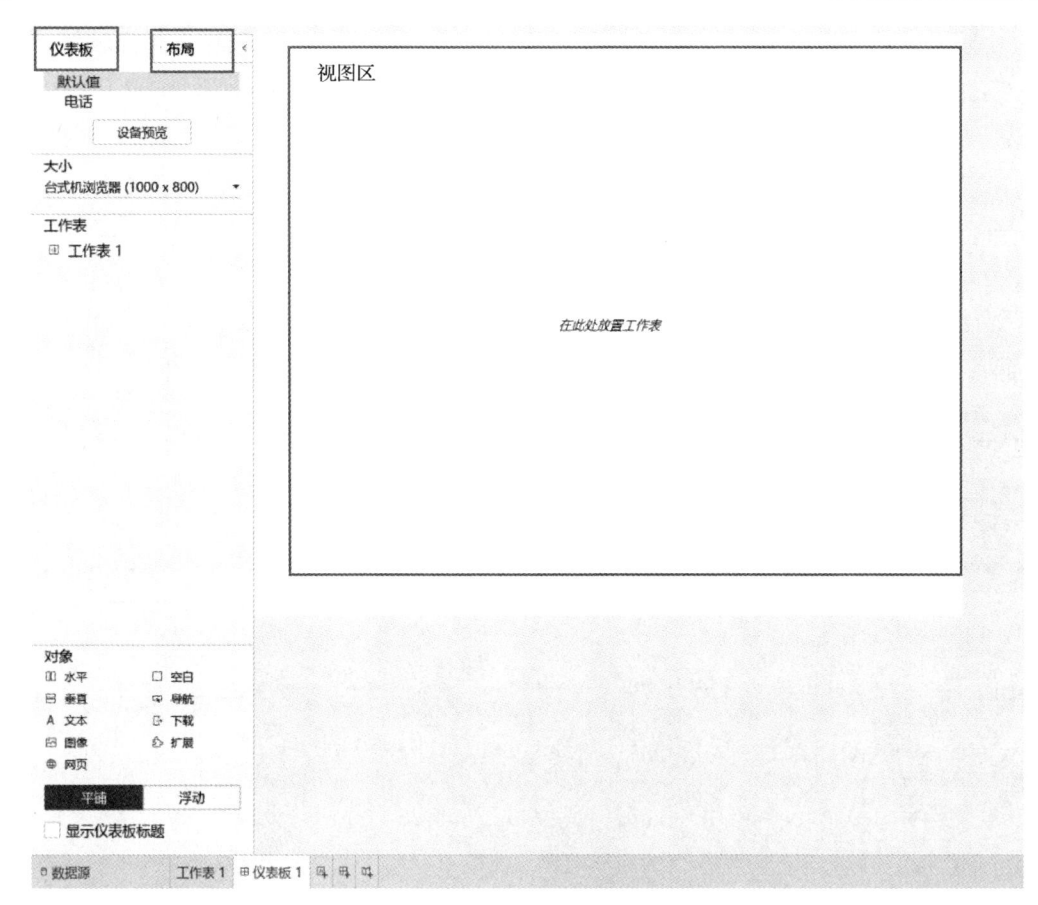

图 9.2　仪表板界面

9.1.1 "仪表板"选项卡

1．"大小"区

在"大小"区，可以对仪表板的高度和宽度尺寸进行设置，如图 9.3 所示。

2．"工作表"区

在"工作表"区，列出了当前工作簿中的所有工作表。当需要在仪表板中使用某个工作表时，只要双击目标工作表即可。当单击"工作表"区中的某个工作表右侧的小图标时，可以直接转到对应的工作表，如图 9.4 所示。

图 9.3　设置仪表板大小　　　　　图 9.4　"工作表"区

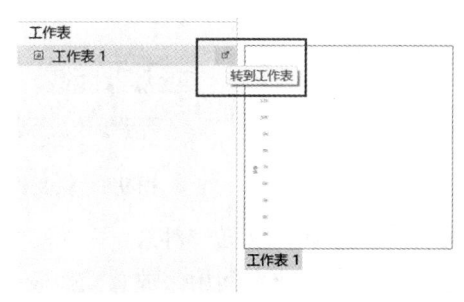

对于被拖放到"视图区"窗口的某个工作表，单击该工作表右侧的小三角形图标，即可打开工具栏来对该工作表进行编辑，如图9.5所示。

图9.5 编辑工作表

3. "对象"区

在制作仪表板时，可以在视图区添加对应的对象。"对象"区包括了"水平""垂直""文本""图像""网页""空白""导航"等对象，如图9.6所示。

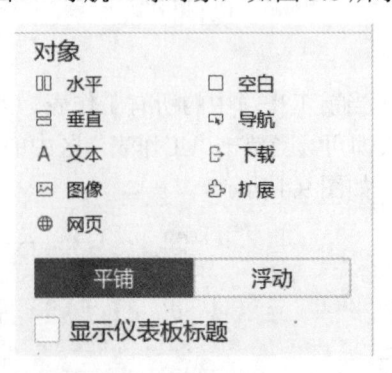

图9.6 仪表板中的对象

1) "水平"对象和"垂直"对象

这两种对象提供一个空间用来放置工作表或其他对象。

只要按住鼠标左键将对应的对象拖放到视图区的上侧或下侧或左侧或右侧，会对应出现一个阴影区域，释放鼠标左键后，即添加了一个空白区域，如图9.7所示。

图9.7　添加"水平"或"垂直"对象

2)"文本"对象

只要将"文本"对象拖放到视图区，就可以在对应的区域添加文本内容，如图9.8所示。

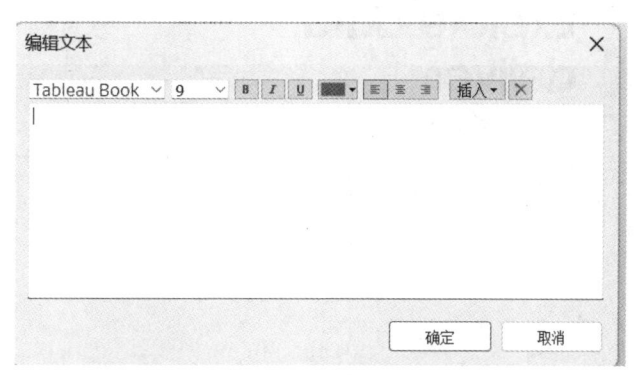

图9.8　添加"文本"对象

3)"图像"对象

只要将"图像"对象拖放到视图区，就可以在对应的区域添加指定的图像，常用来添加LOGO等图标，如图9.9所示。

4)"网页"对象

只要将"网页"对象拖放到视图区，就可以在对应的区域添加网页内容，如图 9.10、图 9.11 所示。

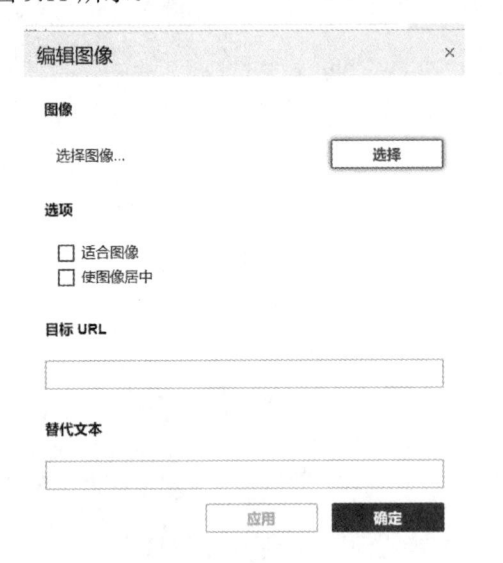

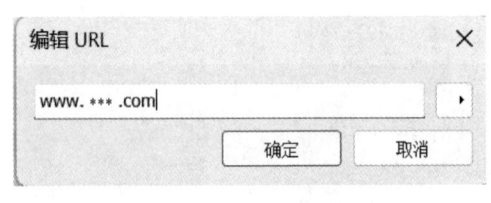

图 9.9　添加"图像"对象

图 9.10　添加"网页"对象

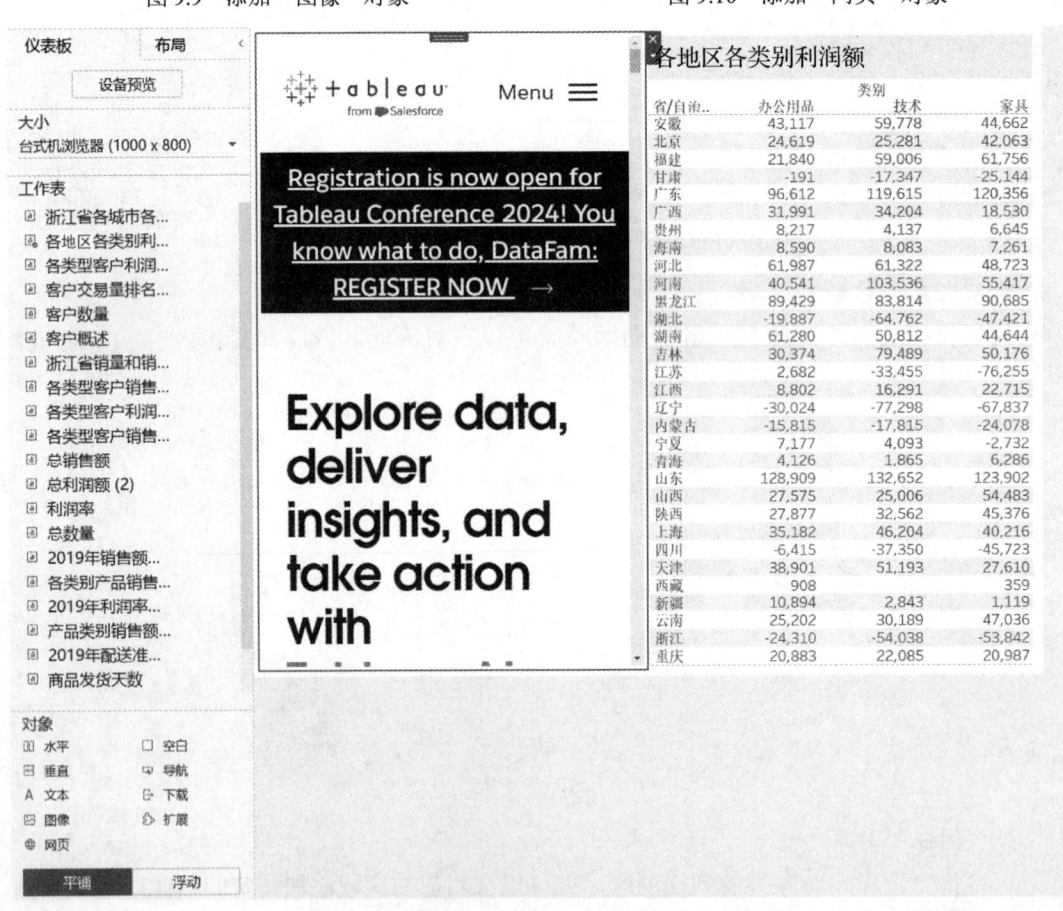

图 9.11　插入网页后的仪表板

5)"空白"对象

有时在设计仪表板界面时,为了美观可能会添加一个空白区域,此时就用到"空白"对象。

6)"导航"对象

通过在仪表板界面中添加"导航"对象,可以方便实现和其他仪表板或工作表之间的跳转,这和网页制作中的超链接有点相似。在图 9.12 中,采用浮动方式添加了一个"导航"对象。

各地区各类别利润额

省/自治..	办公用品	类别 技术	家具
安徽	43,117	59,778	44,662
北京	24,619	25,281	42,063
福建	21,840	59,006	61,756
甘肃	-191	-17,347	-25,144
广东	96,612	119,615	120,356
广西	31,991	34,204	18,530
贵州	8,217	4,137	6,645
海南	8,590	8,083	7,261
河北	61,987	61,322	48,723
河南	40,541	103,536	55,417
黑龙江	89,429	83,814	90,685
湖北	-19,887	-64,762	-47,421
湖南	61,280	50,812	44,644
吉林	30,374	79,489	50,176
江苏	2,682	-33,455	-76,255
江西	8,802	16,291	22,715
辽宁	-30,024	-77,298	-67,837
内蒙古	-15,815	-17,815	-24,078
宁夏	7,177	4,093	-2,732
青海	4,126	1,865	6,286
山东	128,909	132,652	123,902
山西	27,575	25,006	54,483
陕西	27,877	32,562	45,376
上海	35,182	46,204	40,216
四川	-6,415	-37,350	-45,722
天津	38,901	51,193	27,610
西藏	908		359
新疆	10,894	2,843	1,119
云南	25,202	30,189	47,036
浙江	-24,310	-54,038	-53,842
重庆	20,883	22,085	20,987

图 9.12 添加"导航"对象

单击"导航"对象,在出现的菜单中选择"编辑按钮"选项,即可打开"编辑按钮"对话框,以实现对"导航"对象的编辑,如图 9.13、图 9.14 所示。

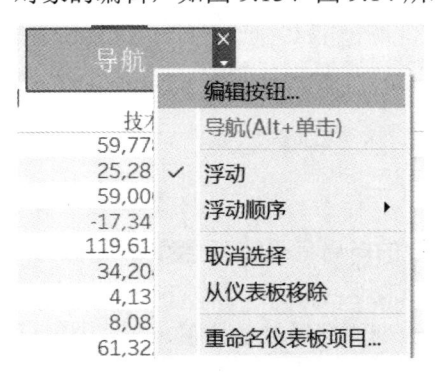

图 9.13 选择"编辑按钮"选项

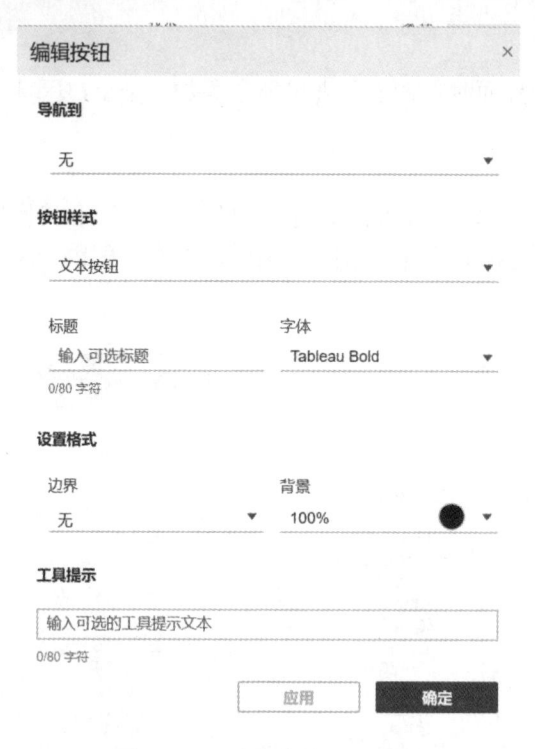

图 9.14 "编辑按钮"对话框

在"编辑按钮"对话框的"导航到"区，可以设置跳转的工作表或仪表板，如图 9.15 所示。

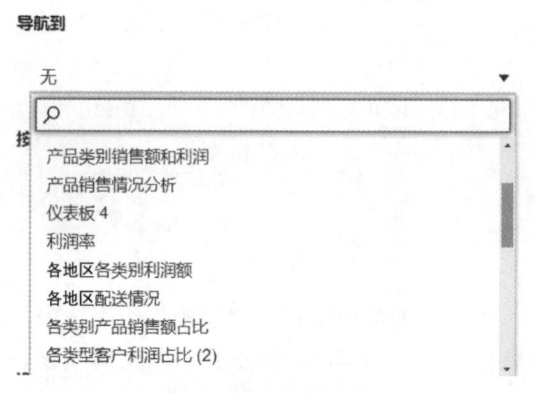

图 9.15 设置"导航到"区

在"编辑按钮"对话框的"按钮样式"区，提供了文本样式和图像样式以供用户选择，还可以设置导航的显示标题内容、背景颜色等。

4．对象的两种布局方式

每种对象在仪表板界面中的布局有平铺和浮动两种方式。
- 平铺方式：是指在原视图区中占用一块空间来布局新添加的对象，如图 9.16 所示。
- 浮动方式：是指在不改变原布局的条件下，在视图区浮动添加一个对象的方式，如图 9.17 所示。

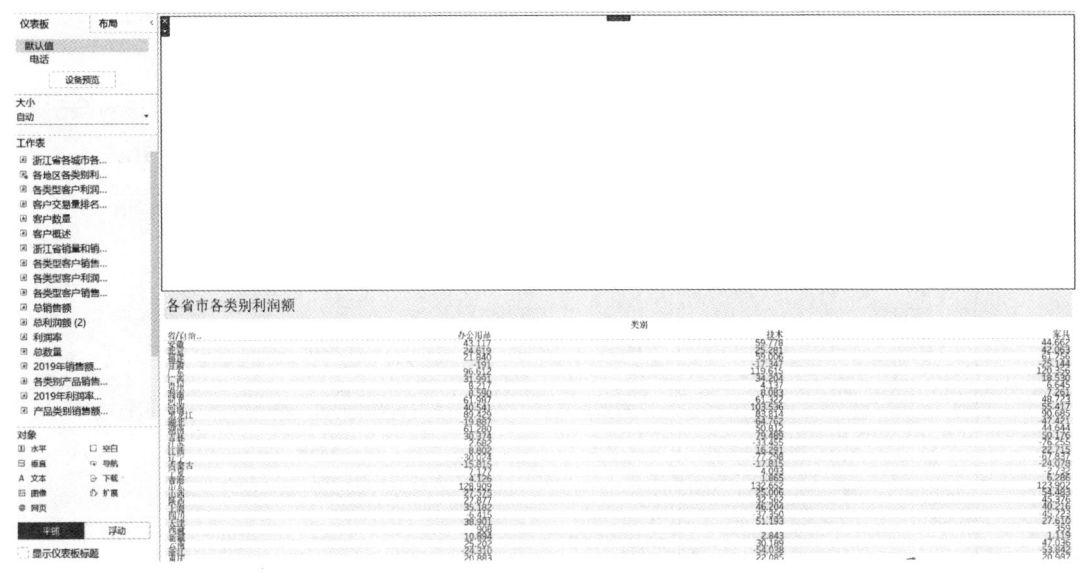

图 9.16　以平铺方式添加一个对象

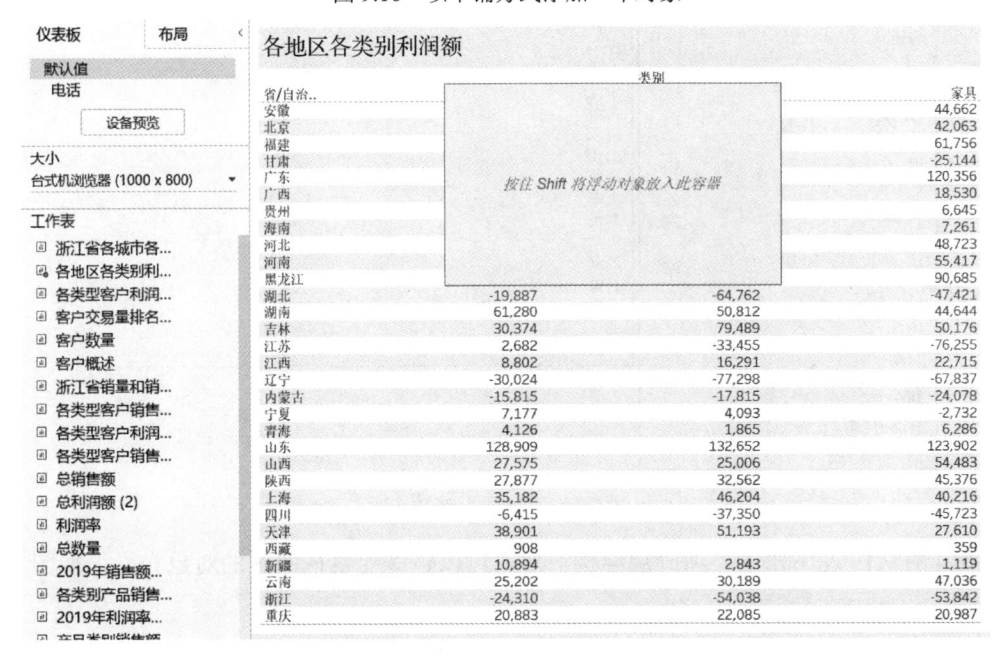

图 9.17　以浮动方式添加一个对象

5．显示仪表板标题

在仪表板界面最底下，有一个"显示仪表板标题"选项，如图 9.18 所示。该选项默认是没有被勾选的。勾选该选项后，在视图区会自动显示仪表板标题。

图 9.18　"显示仪表板标题"选项

9.1.2 "布局"选项卡

在"布局"选项卡中，若选中"仪表板"选项卡中的某个对象，则可以对该对象进行位置、格式的设置，比如 x、y 坐标，宽和高，边界，背景等设置，如图 9.19 所示。

图 9.19 "布局"选项卡

展开图 9.19 左下角的"项分层结构"后，可以整体观察视图区的对象布局，如图 9.20 所示。

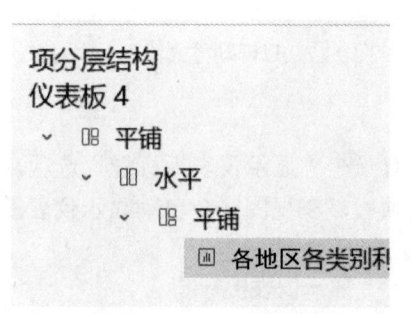

图 9.20 展开"项分层结构"

9.2 仪表板实战——产品销售情况分析

仪表板是帮助企业了解产品销售情况的重要工具。在仪表板中，有销售额、销售量、利润额等关键指标，以及产品类别、利润率等细分数据；通过数据可视化，可以帮助企业了解产品销售情况，制定合理的销售策略。

案例：根据给定的数据源，设计一个产品销售情况分析仪表板。产品销售情况分析仪表板的整体效果如图 9.21 所示。

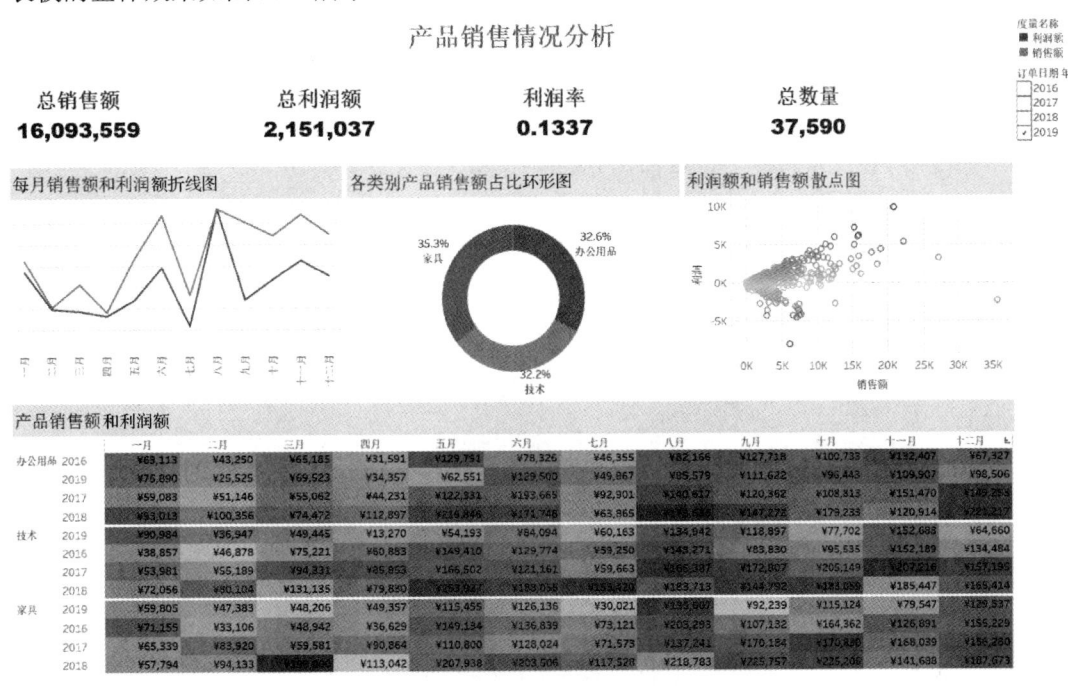

图 9.21　产品销售情况分析仪表板的整体效果

要求：根据展示的数据和分析内容制作工作表。

分析：从上至下仔细观察图 9.21 可以发现，最顶部的"产品销售情况分析"文字内容是仪表板标题，我们只要在新建仪表板时，将"显示仪表板标题"选项勾选上（详见 9.1 节内容），并设置文字格式即可。

该仪表板主要内容部分可以分为以下三排。

第一排是"总销售额""总利润额""利润率""总数量"4 个关键指标统计值。

第二排由 3 个工作表横排构成，分别是每月销售额和利润额折线图、各类别产品销售额占比环形图、利润额和销售额散点图。

第三排是产品销售额和利润额详情表。

为了布局排版更简便，我们在开始制作 4 个关键指标时，分别制作 4 个工作表。

综上分析，制作该仪表板需要先制作 8 个工作表。下面就详细介绍对应工作表的制作。

9.2.1 工作表的制作

1. 4个关键指标工作表的制作

为了方便布局这4个关键指标，可以将其分别设置在4个不同的工作表中。

制作这4个工作表的方法基本相同，只要将相关度量值"总销售额""总利润额""利润率""总数量"拖放到功能卡区的"文本"中即可。其中，需要创建一个"利润率"计算字段，如图9.22所示。

$$SUM([利润额])/sum([销售额])$$

图9.22 创建"利润率"计算字段

在每个工作表内要设置对应的文本格式。这里我们将字体设置为Arial Black、18号、加粗，将文本内容设置为水平和垂直居中，如图9.23和图9.24所示。

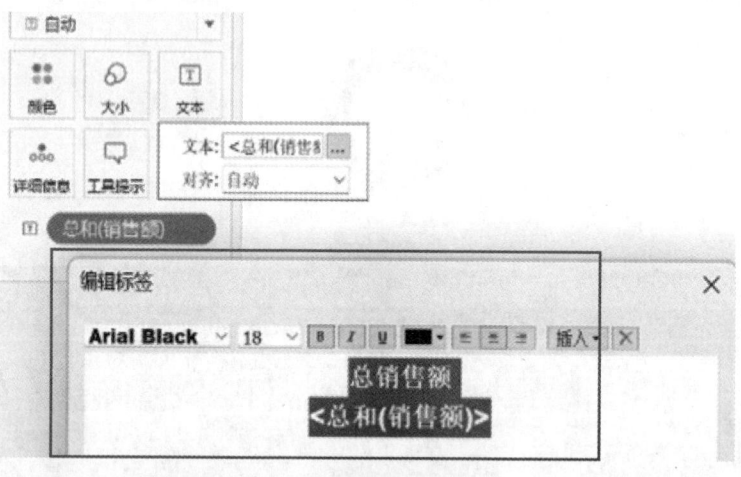

图9.23 设置文本格式（一）

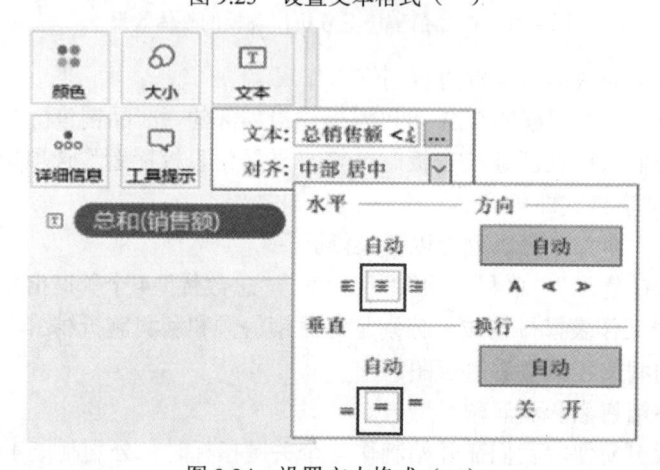

图9.24 设置文本格式（二）

2. 制作"每月销售额和利润折线图

每月销售额和利润额折线图为双轴折线图。制作该图需要筛选出年份，并在右侧显示

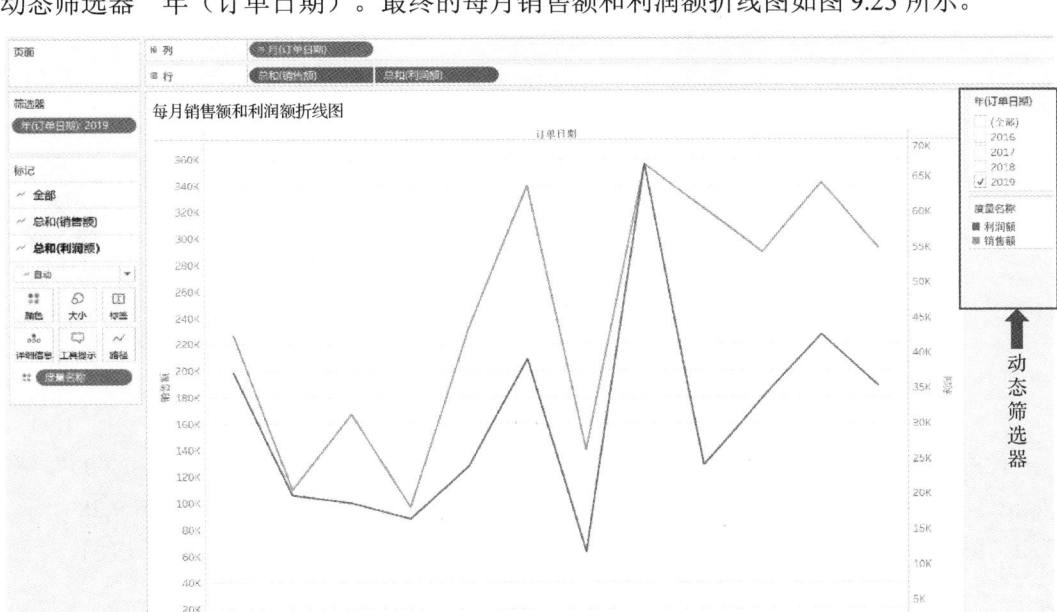

动态筛选器"年（订单日期）"。最终的每月销售额和利润额折线图如图 9.25 所示。

图 9.25　最终的每月销售额和利润额折线图

3. 各类别产品销售额占比环形图

各类别产品销售额占比环形图是两个饼图双轴后的图形。

先制作一个饼图显示各类别产品销售额，如图 9.26 所示。

图 9.26　各类别产品销售额占比饼图

在列功能区中，输入两个"总和（0）"字段，就能得到两个一模一样的饼图，如图 9.27 所示。

各类别产品销售额占比饼图

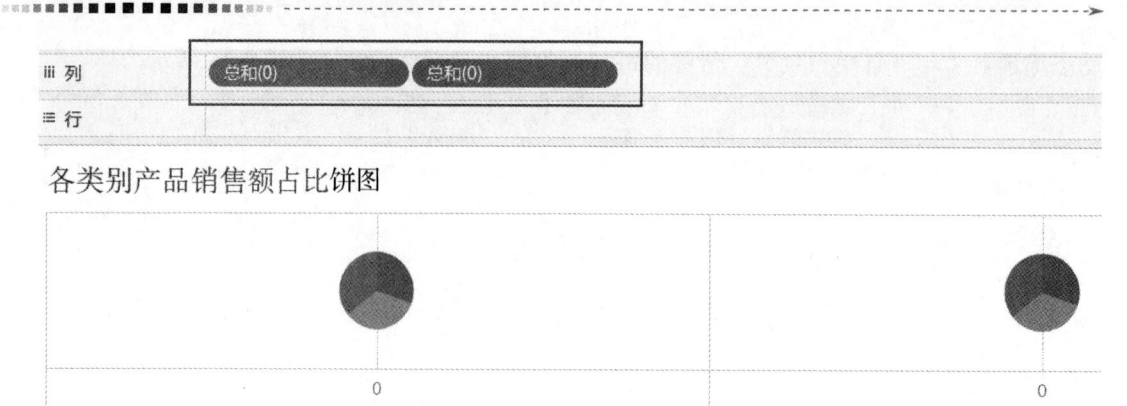

图9.27　制作两个饼图

此时，在"标记"卡中出现3个选项卡，分别是"全部""总和（0）""总和（0）"。将"标记"卡中最后一个选项卡里的"大小""颜色""角度"的设置都清空，如图9.28所示，并将"颜色"设置为白色，如图9.29所示。此时，图形区右边的饼图就变成了白色。

图9.28　修改第二个饼图　　　　图9.29　将第二个饼图整体颜色设置为白色

将第一个"总和（0）"选项卡里的"大小"稍微设置大一点，并将这两个饼图设置为双轴，即可得到如图9.30所示的环形图。

将第一个"总和（0）"选项卡里的"类别"和"销售额"字段拖放到功能卡区的"文本"中，设置"销售额"字段的快速表计算为"合计百分比"，并调整"销售额"字段的数字格式。

右击图形区，在出现的菜单中选择"设置格式"选项，如图9.31所示。

在打开的"设置字体格式"对话框中，选择"边界"选项，如图9.32所示；调整"行"的设置，并将所有边框都设置为"无"。

各类别产品销售额占比环形图

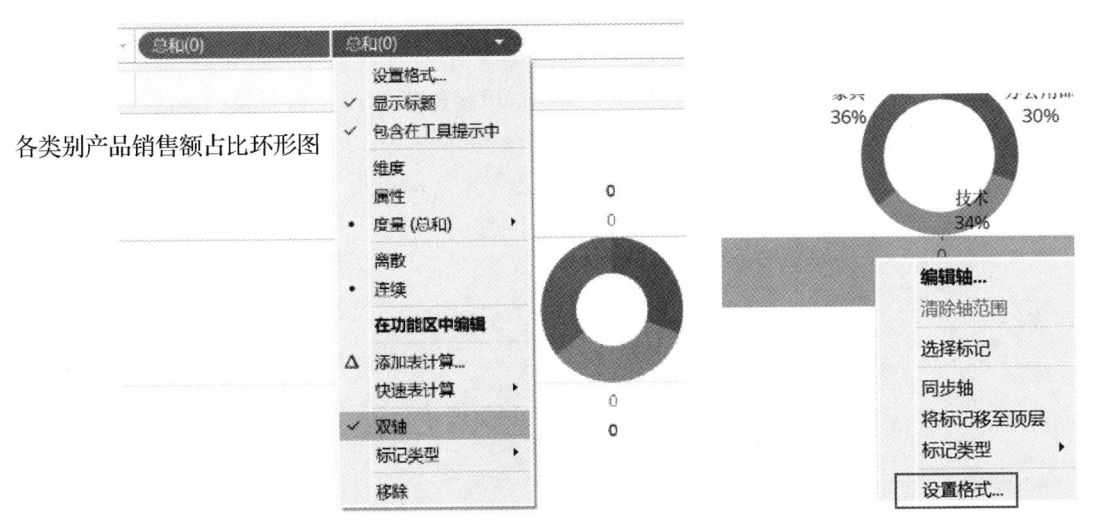

图 9.30　各类别产品销售额占比环形图

图 9.31　设置格式

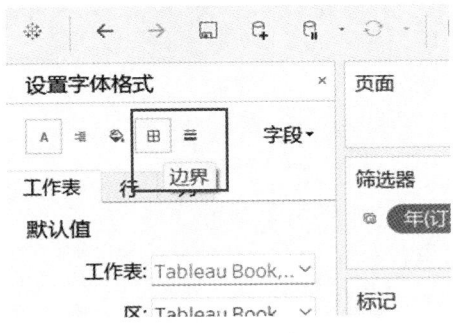

图 9.32　设置边界

右击图形区的"轴"，在出现的菜单中取消勾选"显示标题"选项。最后在工具栏中选择"整个视图"图标。最终的环形图如图 9.33 所示。

各类别产品销售额占比

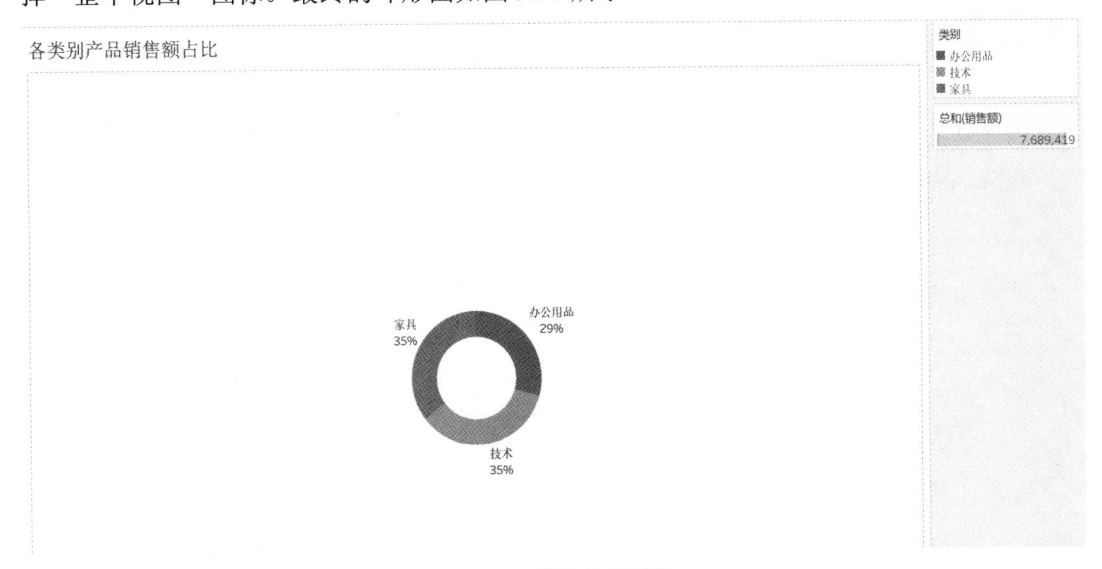

图 9.33　最终的环形图

4. 利润额和销售额散点图

下面制作利润额和销售额散点图。首先，将"销售额"和"利润额"字段分别拖放到列功能区和行功能区中。然后，在菜单栏的"分析"菜单中，取消勾选"聚合度量"选项。最后，将"利润"字段拖放到功能卡区的"颜色"中，即可得如图9.34所示的图形。

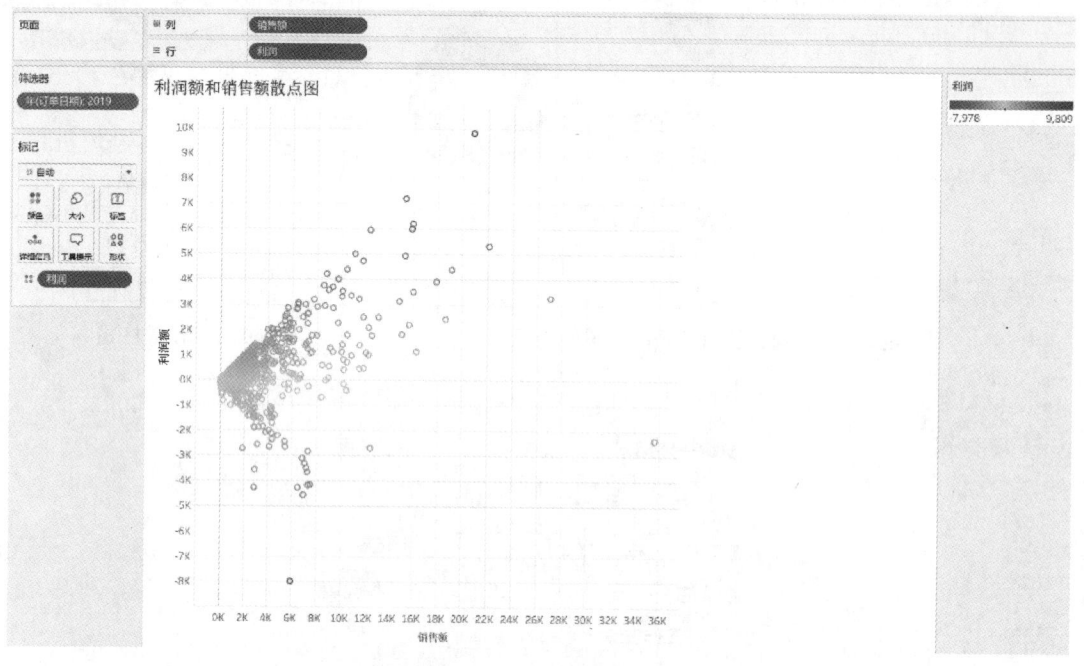

图 9.34　利润额和销售额散点图

5. 产品销售额和利润额详情表

将"订单日期"字段拖放到列功能区中，并将该字段的度量改为"月"。将"类别"字段拖放到行功能区中，再将"订单日期"字段拖放到行功能区中。

将"利润额"字段拖放到功能卡区的"颜色"中，并将"销售额"字段拖放到功能卡区的"标签"中。

为了产品销售额和利润额详情表的美观，我们将对其进行一些格式上的修改。

首先，需要设置"销售额"字段的数字格式，将小数位数设置为0，如图9.35所示。

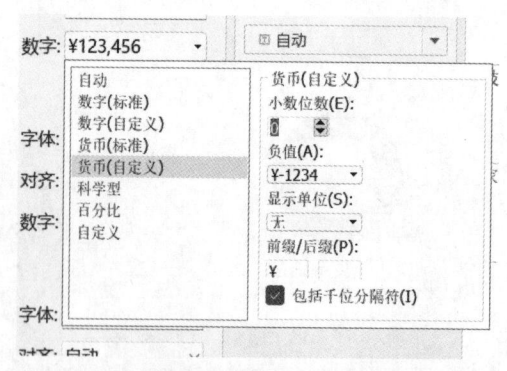

图 9.35　设置"销售额"字段的数字格式

然后，将"销售额"字段拖放到功能卡区的"颜色"里，并设置标记为"方形"，颜色为渐变蓝色，并调整一下"销售额"字段的颜色，如图 9.36 所示。

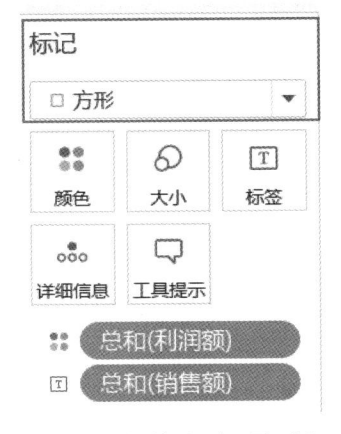

图 9.36　设置标记为"方形"

最终的产品销售额和利润额详情表如图 9.37 所示。

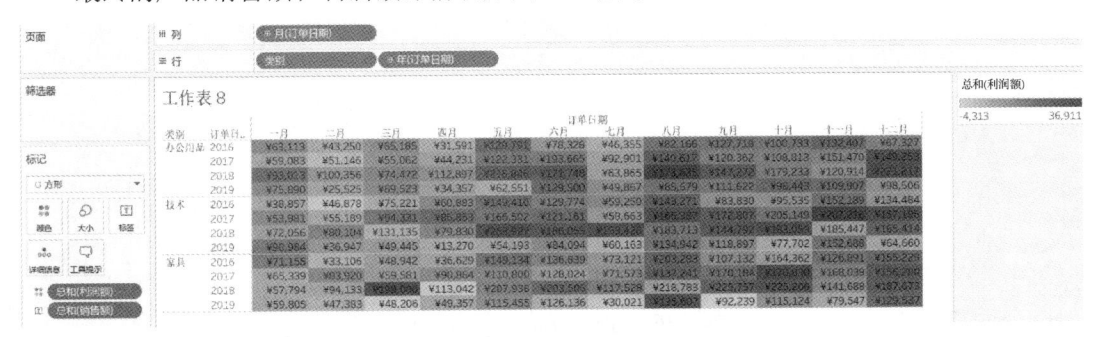

图 9.37　最终的产品销售额和利润额详情表

9.2.2　仪表板的制作

需要的工作表制作完成后，我们就可以制作仪表板。

1．在仪表板中布局工作表

1）初始化仪表板

首先，新建仪表板，并显示仪表板标题，将仪表板标题重命名为"产品销售分析"，如图 9.38 所示。

然后，调整仪表板大小为"自动"，如图 9.39 所示。

图 9.38　显示仪表板标题　　　　图 9.39　调整仪表板大小

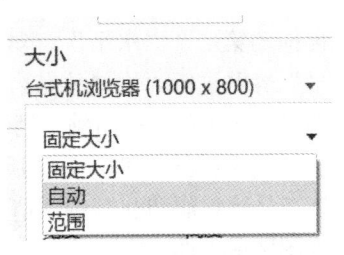

2）布局

首先，将一个"水平"容器"平铺"（默认）到右侧的视图区中。

然后，单击该容器侧边的小三角形图标，在出现的菜单中选择"均匀分布内容"选项，如图9.40所示。

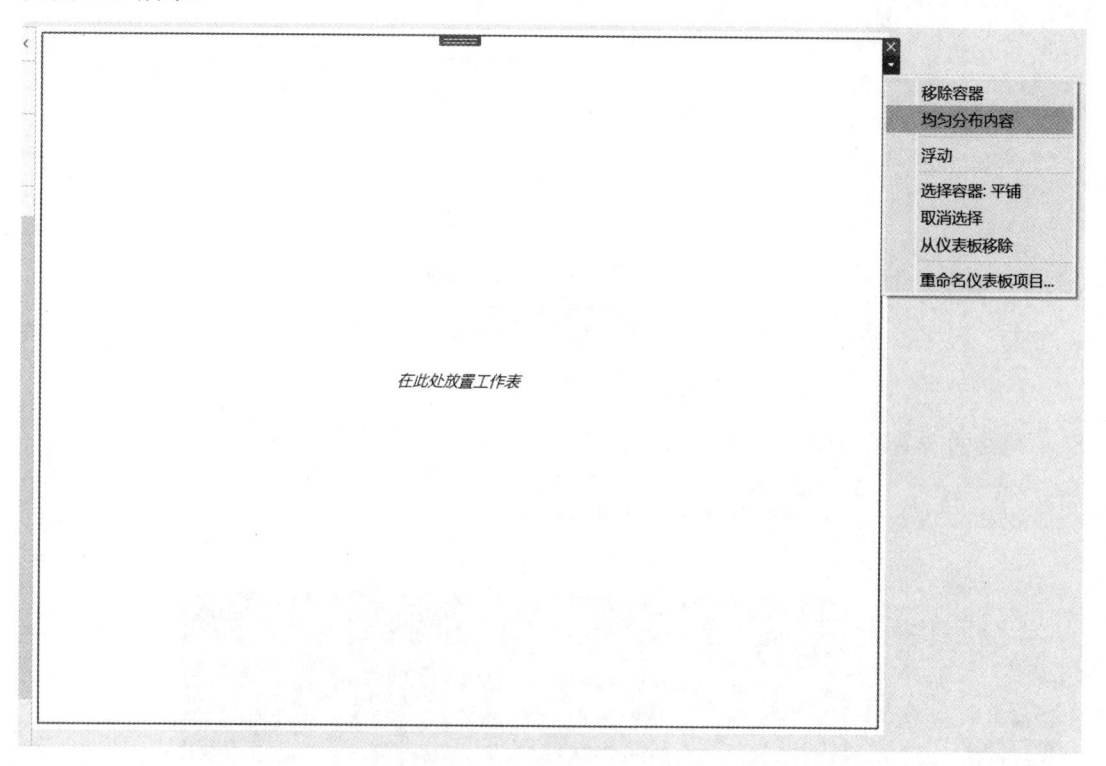

图9.40 "均匀分布内容"的设置

将4个关键指标工作表分别拖放到该"水平"容器中，并右击每个工作表的标题区，在出现的菜单中选择"隐藏标题"选项。如图9.41所示。

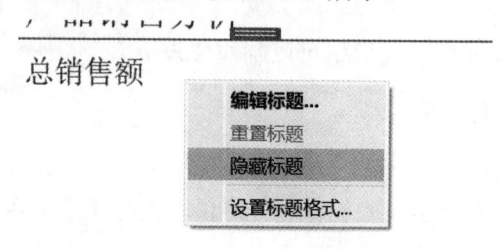

图9.41 隐藏标题

接着，再拖动第二个"水平"容器放置到上面第一个"水平"容器的下方。同样，对第二个"水平"容器进行"均匀分布内容"的设置。将每月销售额和利润额折线图、各类别产品销售额占比环形图、利润额和销售额散点图这3个工作表分别拖放到第二个"水平"容器中，并进行相应调整，如图9.42所示。

最后，将产品销售额和利润额详情表放在第三个"水平"容器中，并将第三个"水平"容器放置在视图区最下面。

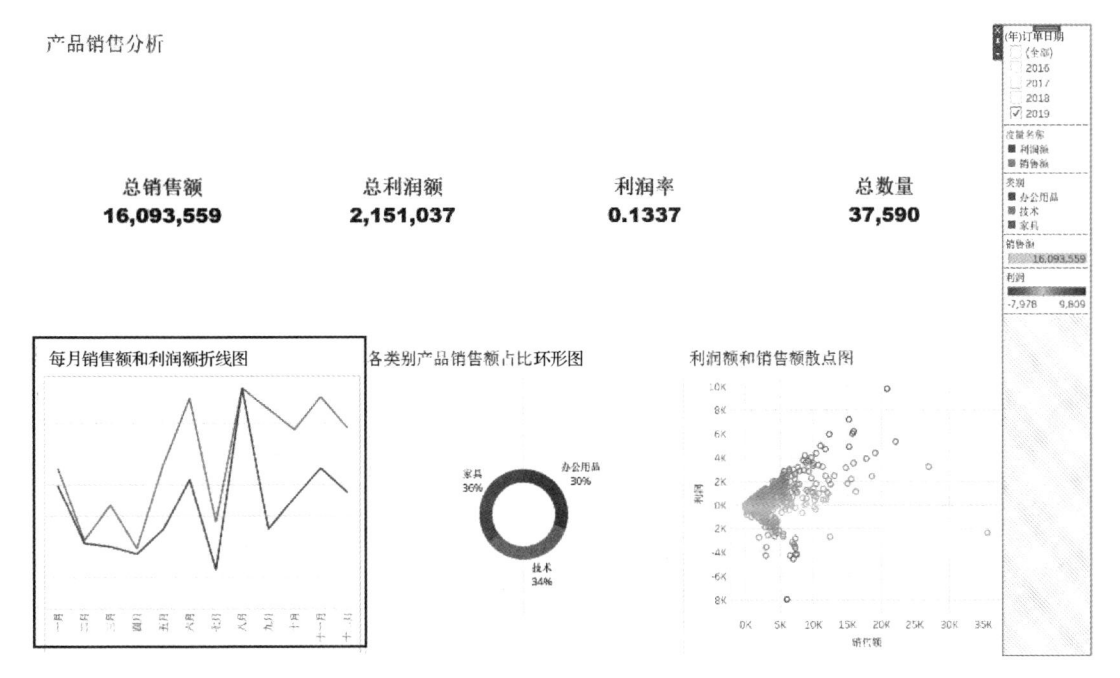

图 9.42　调整后的效果

2．设置筛选器的联动效果

在图形区右侧自动生成的垂直容器中，只保留"（年）订单日期"筛选器和"度量名称"筛选器，如图 9.43 所示。

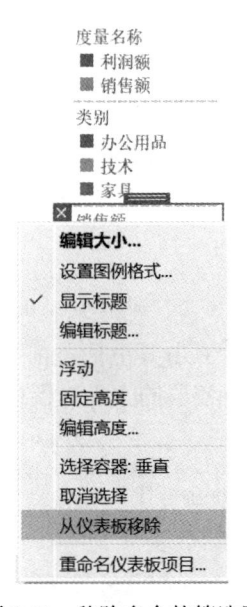

图 9.43　移除多余的筛选器

下面设置"（年）订单日期"筛选器来实现多表联动。单击"（年）订单日期"筛选器左侧小三角形图标，在出现的菜单中选择"应用于工作表"→"选定工作表"选项，如图 9.44 所示。

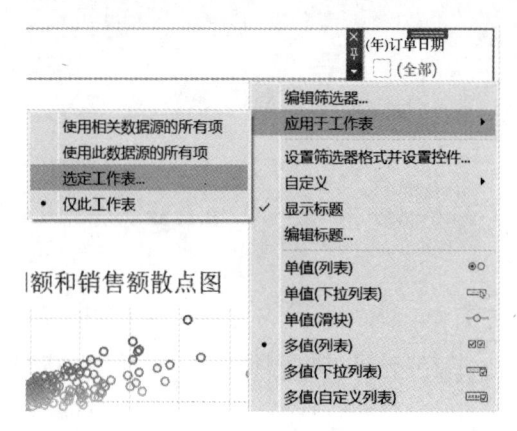

图 9.44 设置"(年)订单日期"筛选器

选择对应的散点图和环形图，如图 9.45 所示。

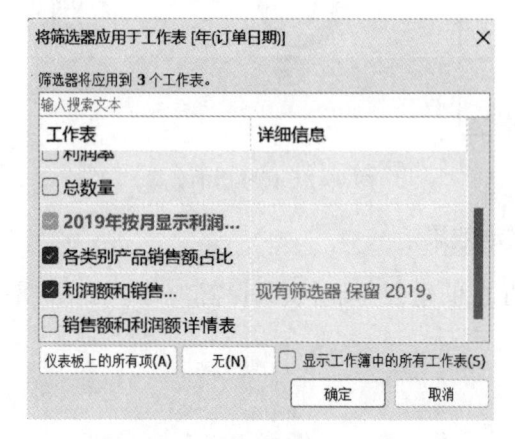

图 9.45 选定联动的工作表

在图 9.45 中，单击"确认"按钮后，就将数据联动了。此时，再在"(年)订单日期"筛选器中挑选对应的年份。我们可以发现，3 个图形工作表的数据都根据选择的年份进行了改变。

3. 仪表板细节格式调整

（1）选中任何一个图形工作表，双击其手柄，都可以返回到上一层的"水平"容器；拖动其边界线，可适当调整"水平"容器的大小。调整图形工作表如图 9.46 所示。

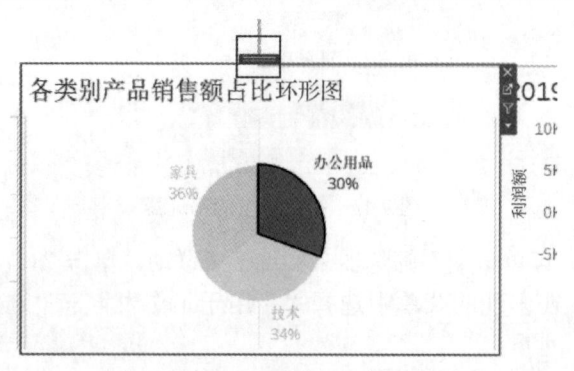

图 9.46 调整图形工作表

（2）拖动一个"垂直"容器到右下角，可以调整"垂直"容器的大小。若将一个"空白"对象拖放到"垂直"容器中，则在"垂直"容器中添加了一个"空白"对象如图9.47所示。

（3）可以将一个"文本"对象拖放到"垂直"容器的底部，并可在其中输入文字内容和设置字体格式。

（4）可以设置仪表板中所有工作表的标题格式，并添加"阴影"颜色为"浅蓝"，如图9.48所示。

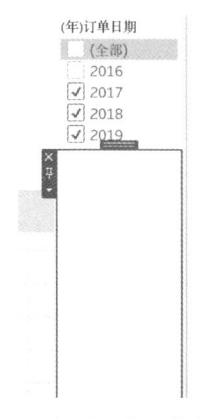

图9.47 添加了一个"空白"对象　　　图9.48 工作表标题设置

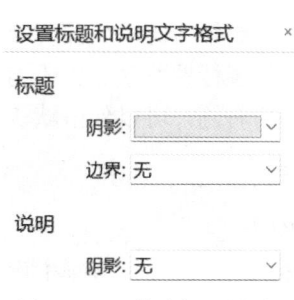

练习案例

根据给定的数据源，对客户进行分析。

要求：制作如图9.49所示的客户分析仪表板。

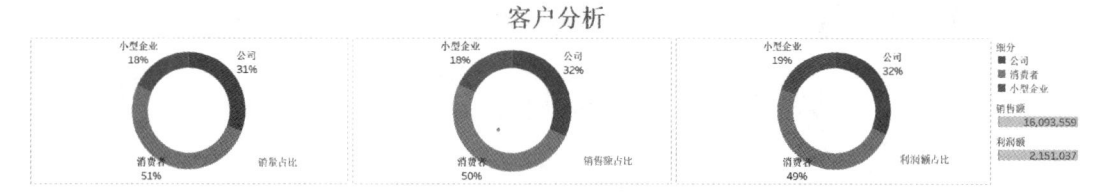

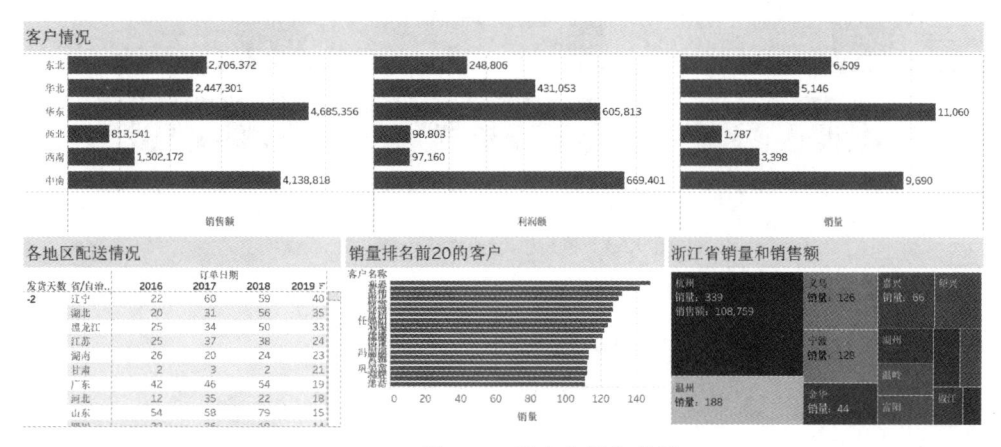

图9.49 客户分析仪表板

1. 整体分析

需要用到 3 个环形图、2 个横向条形图、1 个简单表、1 个树形图。
（1）3 个环形图分别表示各类型客户销量占比、销售额占比和利润额占比。
（2）1 个横向条形图表示客户总情况（总销售额、利润额、销量）。
（3）1 个简单表表示各地区配送情况。
（4）1 个横向条形图表示销量排名前 20 的客户。
（5）1 个树形图表示浙江省销量和销售额。

2. 布局分析

（1）在 3 个环形图中去掉各种标题；在每个环形图右下角添加一个"文本"对象用来描述数据信息（如"销量占比""利润占比"等）。
（2）将其他工作表标题背景颜色改为"淡粉色"。
（3）在图形区的右侧，可以保留默认的图例；可以在右下脚添加制作者姓名和日期。

3. 相关工作表制作步骤提示

（1）制作环形图。
先制作一个环形图，再通过复制工作表并替换字段的方式完成剩下环形图的制作。
（2）制作客户情况条形图。
客户情况条形图如图 9.50 所示。

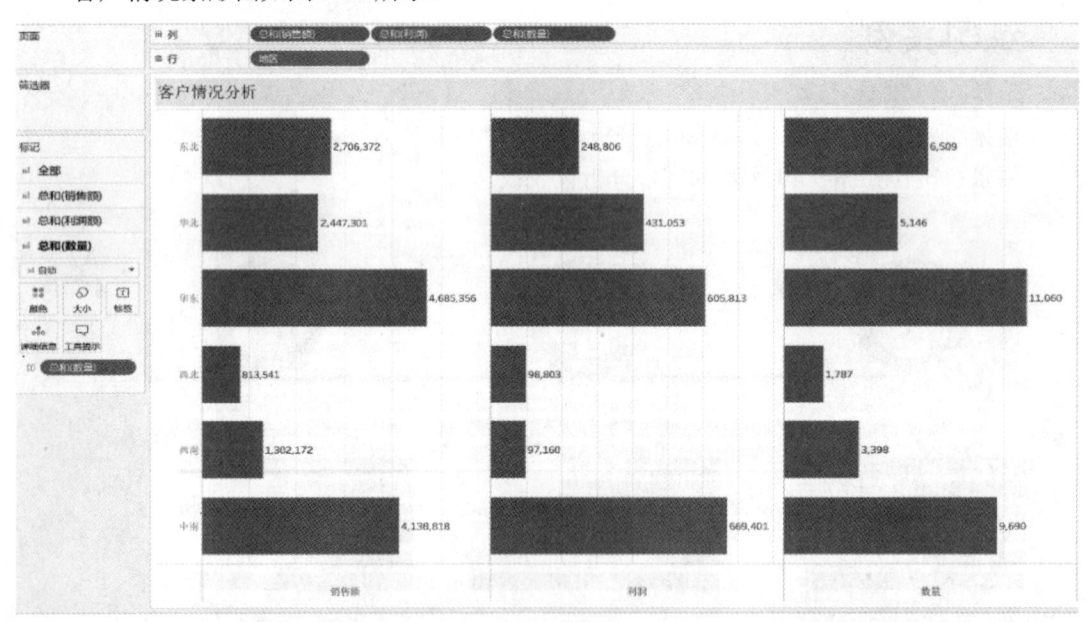

图 9.50　客户情况条形图

（3）制作各地区配送情况简单表。
各地区配送情况简单表如图 9.51 所示。

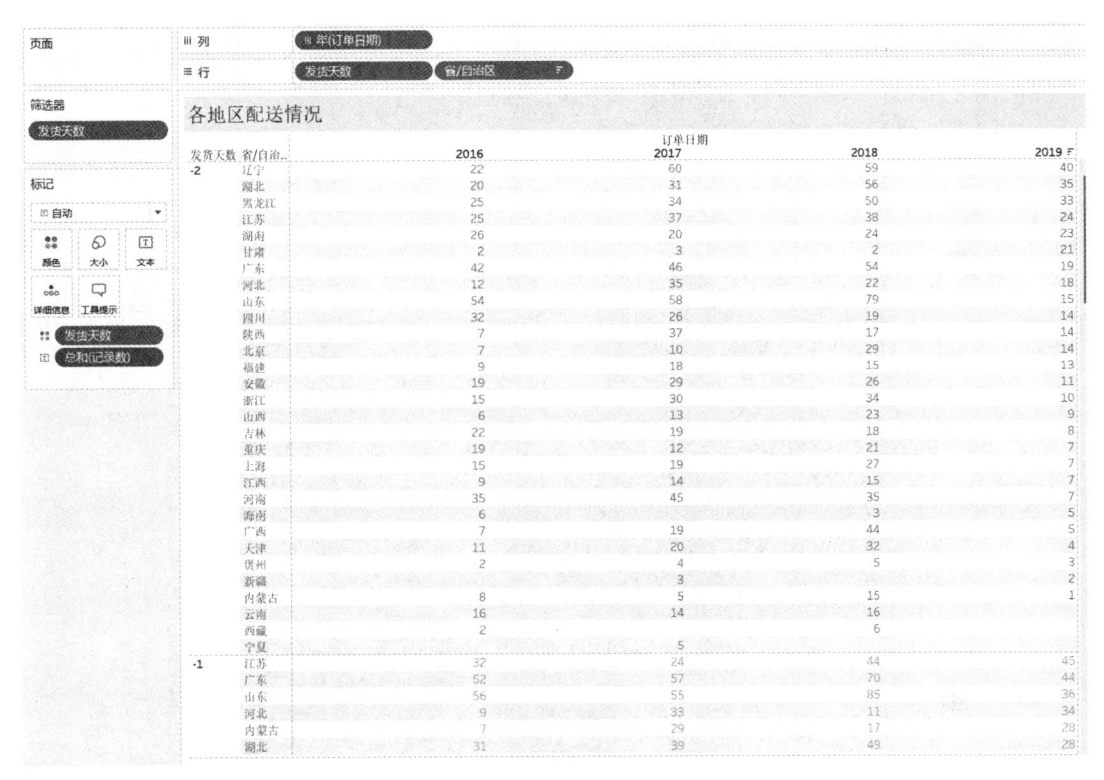

图 9.51 各地区配送情况简单表

（4）制作销量排名前 20 的客户条形图。

销量排名前 20 的客户条形图如图 9.53 所示。

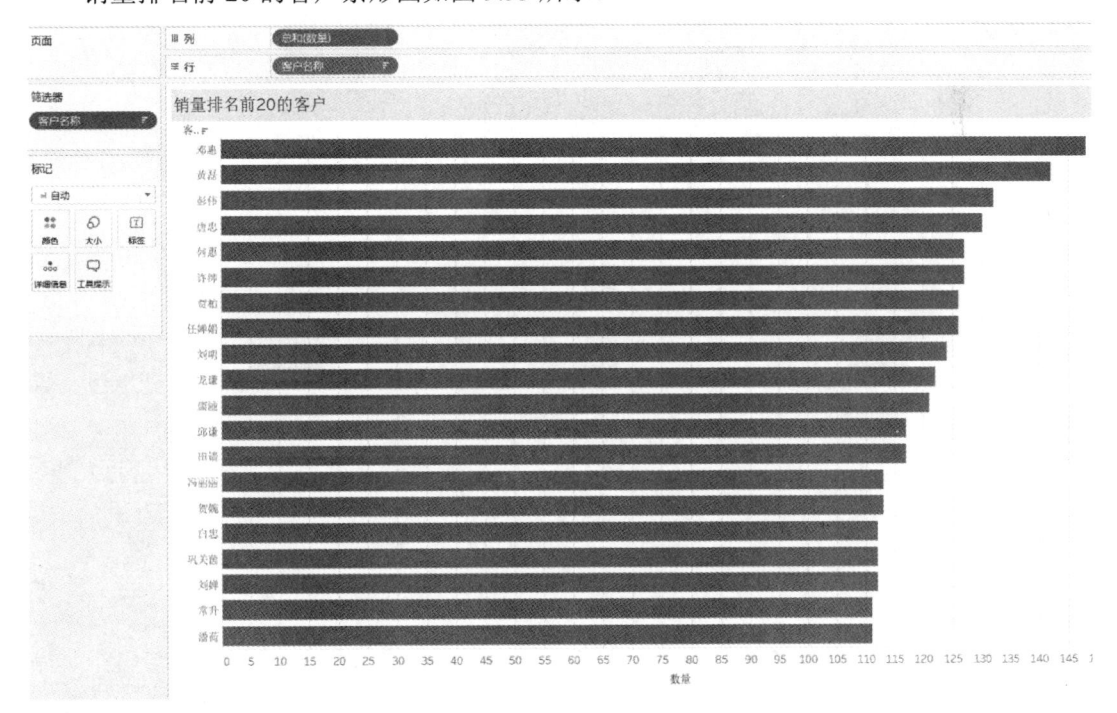

图 9.52 销量排名前 20 的客户条形图

（5）制作浙江省销量和销售额树形图。

注意："数量"进行了筛选，条件为大于 30。

浙江省销量和销售额树形图如图 9.53 所示。

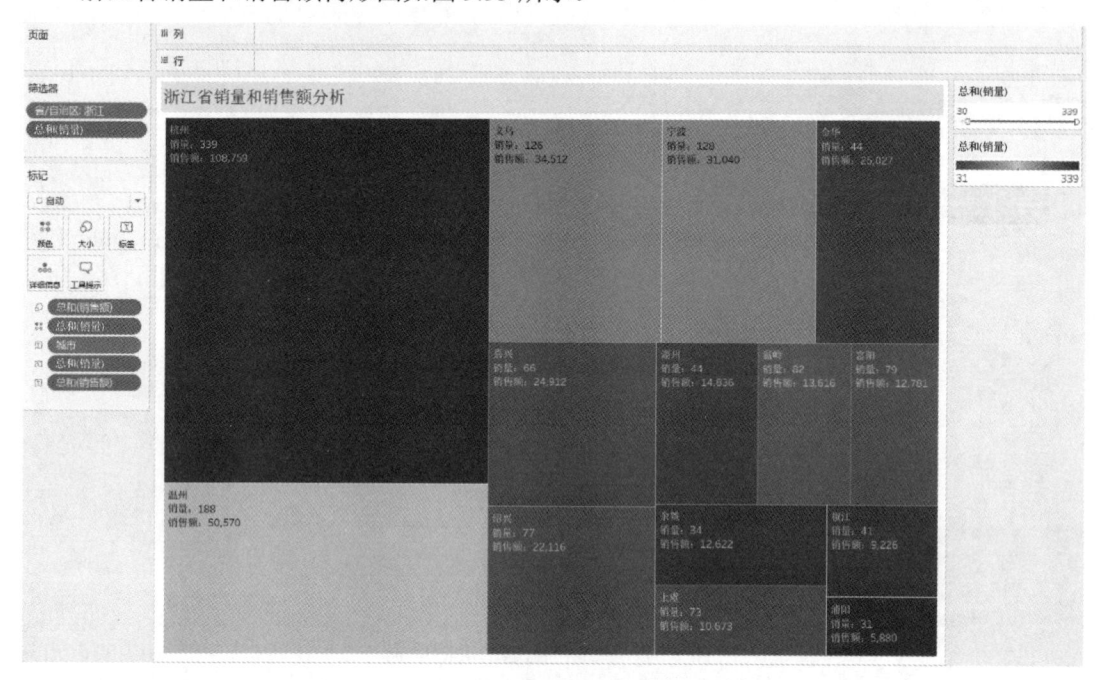

图 9.53　浙江省销量和销售额树形图

参 考 文 献

[1] 王国平.《Tableau 数据可视化从入门到精通》[M]. 北京：清华大学出版社，2017.